やりきれるから自信がつく！

✓ 1日1枚の勉強で，学習習慣が定着！

◎目標時間に合わせ，無理のない量の問題数で構成されているので，
「1日1枚」やりきることができます。

◎解説が丁寧なので，まだ学校で習っていない内容でも勉強を進めることができます。

✓ すべての学習の土台となる「基礎力」が身につく！

◎スモールステップで構成され，1冊の中でも繰り返し練習していくので，
確実に「基礎力」を身につけることができます。「基礎」が身につくことで，
発展的な内容に進むことができるのです。

◎教科書に沿っているので，授業の進度に合わせて使うこともできます。

✓ 勉強管理アプリの活用で，楽しく勉強できる！

◎設定した勉強時間にアラームが鳴るので，学習習慣がしっかりと身につきます。

◎時間や点数などを登録していくと，成績がグラフ化されたり，
賞状をもらえたりするので，達成感を得られます。

◎勉強をがんばると，キャラクターとコミュニケーションを
取ることができるので，日々のモチベーションが上がります。

JN021170

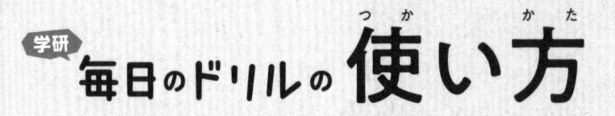

① 1日1枚，集中して解きましょう。

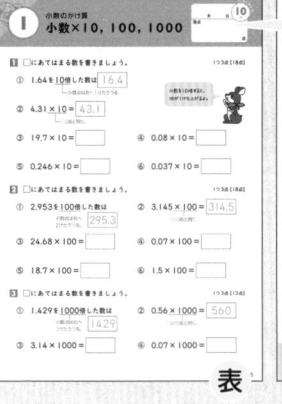

表

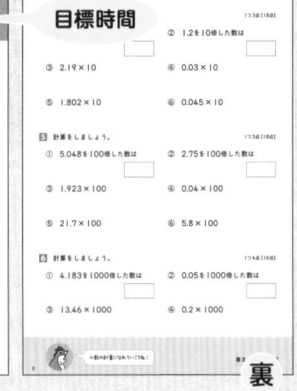

裏

◎**1回分は，1枚（表と裏）です。**
1枚ずつはがして使うこともできます。

◎**目標時間を意識して解きましょう。**
アプリのストップウォッチなどで，かかった時間をはかるとよいです。

・巻末の「まとめテスト」で，この本の内容が身についたか確認できます。

② 答え合わせをしましょう。

・本の最後に，「答えとアドバイス」があります。

・答え合わせをして，点数をつけましょう。

> できなかった問題を**解き直す**と，より力がつくよ！

③ アプリに得点を登録しましょう。

・アプリに得点を登録すると，成績がグラフ化されます。
・勉強すると，キャラクターが育ちます。

♪毎日のドリル♪ 勉強管理アプリ

「毎日のドリル」シリーズ専用、スマートフォン・タブレットで使える無料アプリです。「毎日のドリル」シリーズすべてを管理でき、学習習慣が楽しく身につきます。

1 「毎日のドリル」の学習を徹底サポート！

毎日の勉強タイムをお知らせする「タイマー」

かかった時間を計る「ストップウォッチ」

勉強した日を記録する「カレンダー」

入力した得点を「グラフ化」

> 目標の勉強時間を意識しよう！

2 キャラクターと楽しく学べる！

好きなキャラクターを選ぶことができます。勉強をがんばるとキャラクターが育ち、「ひみつ」や「ワザ」が増えます。

3 1冊終わると、ごほうびがもらえる！

ドリルが1冊終わるごとに、賞状やメダル、称号がもらえます。

> これは やる気が でそうだ！

4 漢字と英単語のゲームにチャレンジ！

ゲームで、どこでも手軽に、楽しく勉強できます。漢字は学年別、英単語はレベル別に構成されており、ドリルで勉強した内容の確認にもなります。

> 自己ベスト更新を目指そう！

漢字のよみがなを当てよう

単語のいみを当てよう

アプリの無料ダウンロードはこちらから！
https://gakken-ep.jp/extra/maidori/

【推奨環境】
■ 各種Android端末：対応OS Android6.0以上
■ 各種iOS（iPadOS）端末：対応OS iOS10以上
※対応OSであっても、Intel CPU (x86 Atom)搭載の端末では正しく動作しない場合があります。
※対応OS やお使いの機種については、各ストアでご確認ください。
※お客様のネット環境およびご使用の携帯端末によりアプリをご利用できない場合や、当社は責任を負いかねます。ご了承ください。
また、事前の予告なく、サービスの提供を中止する場合がありますので、ご理解、ご了承くださいますよう、お願いいたします。

1

小数のかけ算

小数×10，100，1000

得点

点

1 □にあてはまる数を書きましょう。

1つ3点【18点】

① 1.64を10倍した数は 16.4

└─ 小数点は右へ1けたうつる。

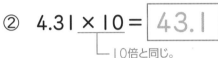

小数を10倍すると，
位が1けた上がるよ。

② 4.31×10＝ 43.1

└─ 10倍と同じ。

③ 19.7×10＝ 　　　　　

④ 0.08×10＝ 　　　　　

⑤ 0.246×10＝ 　　　　　

⑥ 0.037×10＝ 　　　　　

2 □にあてはまる数を書きましょう。

1つ3点【18点】

① 2.953を100倍した数は

小数点は右へ
2けたうつる。 295.3

② 3.145×100＝ 314.5

└─ 100倍と同じ。

③ 24.68×100＝ 　　　　　

④ 0.07×100＝ 　　　　　

⑤ 18.7×100＝ 　　　　　

⑥ 1.5×100＝ 　　　　　

3 □にあてはまる数を書きましょう。

1つ3点【12点】

① 1.429を1000倍した数は

小数点は右へ
3けたうつる。 1429

② 0.56×1000＝ 560

└─ 1000倍と同じ。

③ 3.14×1000＝ 　　　　　

④ 0.07×1000＝

4 計算をしましょう。 1つ3点【18点】

① 3.82を10倍した数は

② 1.2を10倍した数は

③ 2.19×10

④ 0.03×10

⑤ 1.802×10

⑥ 0.045×10

5 計算をしましょう。 1つ3点【18点】

① 5.048を100倍した数は

② 2.75を100倍した数は

③ 1.923×100

④ 0.04×100

⑤ 21.7×100

⑥ 5.8×100

6 計算をしましょう。 1つ4点【16点】

① 4.183を1000倍した数は

② 0.05を1000倍した数は

③ 13.46×1000

④ 0.2×1000

 小数の計算になれていこうね！

答え ▶ 79ページ

② 整数×小数

1 計算をしましょう。

1つ3点【18点】

① $30 \times \underline{0.6} = \boxed{18}$

0.6 = 6 ÷ 10だから,
30 × 6 ÷ 10で求められる。

$30 \times 0.6 = \square$
$\downarrow \times 10 \quad \times 10 \quad \div 10$
$30 \times 6 = 180$

② $20 \times 0.8 = \boxed{}$

③ $40 \times \underline{1.2} = \boxed{48}$

1.2 = 12 ÷ 10だから,
40 × 12 ÷ 10で求められる。

④ $30 \times 1.5 = \boxed{}$

⑤ $50 \times 2.5 = \boxed{}$

⑥ $60 \times 1.8 = \boxed{}$

2 計算をしましょう。

1つ3点【24点】

① $3 \times 1.8 = \boxed{}$

② $5 \times 3.2 = \boxed{}$

③ $4 \times 2.5 = \boxed{}$

④ $6 \times 4.3 = \boxed{}$

⑤ $7 \times 1.2 = \boxed{}$

⑥ $5 \times 5.5 = \boxed{}$

⑦ $9 \times 1.8 = \boxed{}$

⑧ $3 \times 4.2 = \boxed{}$

整数の計算でできるように
考えてみよう。

3 計算をしましょう。

①〜④1つ3点，⑤〜⑧1つ4点【28点】

① 40×0.3

② 50×0.2

③ 30×0.4

④ 60×0.3

⑤ 20×1.3

⑥ 30×1.6

⑦ 50×2.2

⑧ 70×2.5

4 計算をしましょう。

①，②1つ3点，③〜⑧1つ4点【30点】

① 5×0.7

② 3×0.2

③ 8×0.6

④ 9×0.4

⑤ 3×2.5

⑥ 5×3.4

⑦ 6×4.5

⑧ 7×1.8

アプリに，得点を登録しよう！

答え ▶ 79ページ

3 整数×小数の筆算

小数のかけ算

得点

点

1 計算をしましょう。

1つ4点【40点】

①
```
    1 3
  × 0.6
    7.8
```
─小数点の右に1けた

─右に1けた

小数をかける筆算のしかた
❶小数点がないものとして計算する。
❷積の小数点は，
　かける数の小数点にそろえてうつ。

②
```
    2 8
  × 0.3
```

③
```
    3 6
  × 0.9
```

④
```
    2 4
  × 0.7
```

⑤
```
    1 7
  × 2.4
    6 8
  3 4
  4 0.8
```
─右に1けた

─右に1けた

積の小数点をうつ。

⑥
```
    3 6
  × 1.8
```

⑦
```
    7 5
  × 2.4
```

⑧
```
    6 5
  × 3.8
```

⑨
```
    8 3
  × 9.2
```

⑩
```
    5 4
  × 8.9
```

⑦，⑧の0を消しわすれないようにね。

2 計算をしましょう。

①
$$\begin{array}{r} 18 \\ \times\ 0.4 \\ \hline \end{array}$$

②
$$\begin{array}{r} 46 \\ \times\ 0.7 \\ \hline \end{array}$$

③
$$\begin{array}{r} 78 \\ \times\ 0.5 \\ \hline \end{array}$$

④
$$\begin{array}{r} 32 \\ \times\ 1.3 \\ \hline \end{array}$$

⑤
$$\begin{array}{r} 27 \\ \times\ 2.9 \\ \hline \end{array}$$

⑥
$$\begin{array}{r} 8 \\ \times\ 7.4 \\ \hline \end{array}$$

⑦
$$\begin{array}{r} 67 \\ \times\ 3.8 \\ \hline \end{array}$$

⑧
$$\begin{array}{r} 32 \\ \times\ 8.5 \\ \hline \end{array}$$

⑨
$$\begin{array}{r} 64 \\ \times\ 2.5 \\ \hline \end{array}$$

⑩
$$\begin{array}{r} 58 \\ \times\ 6.9 \\ \hline \end{array}$$

⑪
$$\begin{array}{r} 66 \\ \times\ 2.8 \\ \hline \end{array}$$

⑫
$$\begin{array}{r} 83 \\ \times\ 4.2 \\ \hline \end{array}$$

⑬
$$\begin{array}{r} 43 \\ \times\ 9.3 \\ \hline \end{array}$$

⑭
$$\begin{array}{r} 29 \\ \times\ 4.4 \\ \hline \end{array}$$

⑮
$$\begin{array}{r} 95 \\ \times\ 2.8 \\ \hline \end{array}$$

整数×小数はバッチリだね！

答え ▶ 79ページ

1 計算をしましょう。

①～⑤1つ4点，⑥～⑨1つ5点【40点】

①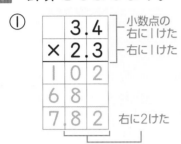

```
    3.4  ← 小数点の右に1けた
  × 2.3  ← 右に1けた
    1 0 2
  6 8
  7.8 2  ← 右に2けた
```

小数×小数の計算のしかた

❶ 小数点がないものとして計算する。

❷ 積の小数点は，
かけられる数とかける数の小数点の右にある
けた数の和だけ，右から数えてうつ。

②
```
    1.6
  × 3.1
```

③
```
    3.7
  × 4.3
```

④
```
    5.2
  × 3.6
```

⑤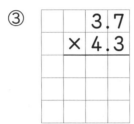
```
    3.4
  × 6.5
    1 7 0
  2 0 4
  2 2.1 0  ← 小数点以下の終わりの位の0は消す。
```

⑥
```
    4.5
  × 7.2
```

⑦
```
    0.7
  × 1.2
    1 4
    7
  0.8 4
```
↑ 一の位に0を書く。

⑧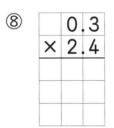
```
    0.3
  × 2.4
```

⑨
```
    0.2
  × 4.6
```

0のつけたしをわすれないでね。

2 計算をしましょう。

①
$$1.8 \times 2.4$$

②
$$3.7 \times 1.6$$

③
$$0.9 \times 3.7$$

④
$$2.8 \times 2.7$$

⑤
$$2.3 \times 7.3$$

⑥
$$7.2 \times 8.6$$

⑦
$$8.3 \times 6.5$$

⑧
$$2.8 \times 1.5$$

⑨
$$3.5 \times 2.6$$

⑩
$$1.4 \times 8.5$$

⑪
$$2.6 \times 8.5$$

⑫
$$3.2 \times 2.5$$

⑬
$$0.3 \times 2.8$$

⑭
$$0.2 \times 1.5$$

⑮
$$0.8 \times 0.9$$

今度は，小数×小数の計算だよ！

答え ▶ 79ページ

小数×小数の筆算②

月　日　**15**分

得点　　　　点

1 計算をしましょう。

1つ4点【40点】

① 　　　　6.5 ← 小数点の右に1けた
　　×1.2 4 ← 右に2けた
　　　2 6 0
　　1 3 0
　　6 5
　　8.0 6 0 ← 右に3けた

小数点より右の
はしの0は消すんだったね。

②
　　　　7.6
　　×1.3 5

③
　　　　2.5
　　×0.7 2

④
　　　　5.8
　　×1.8 5

⑤ 　　　0.4 2 ← 右に2けた
　　×1.2 5 ← 右に2けた
　　　2 1 0
　　　8 4
　　4 2
　　0.5 2 5 0 ← 右に4けた

⑥
　　　0.2 5
　　×3.1 4

⑦
　　　0.1 5
　　×0.4 8

⑧
　　　0.3 7
　　×1.6 4

⑨
　　　0.2 8
　　×2.0 3

⑩
　　　0.1 9
　　×0.4 2

①
$$\begin{array}{r} 2.17 \\ \times\ 0.36 \\ \hline \end{array}$$

②
$$\begin{array}{r} 1.83 \\ \times\ 0.52 \\ \hline \end{array}$$

③
$$\begin{array}{r} 0.36 \\ \times\ 0.23 \\ \hline \end{array}$$

④
$$\begin{array}{r} 1.65 \\ \times\ 0.34 \\ \hline \end{array}$$

⑤
$$\begin{array}{r} 2.08 \\ \times\ 0.15 \\ \hline \end{array}$$

⑥
$$\begin{array}{r} 0.25 \\ \times\ 0.32 \\ \hline \end{array}$$

⑦
$$\begin{array}{r} 0.08 \\ \times\ 0.75 \\ \hline \end{array}$$

⑧
$$\begin{array}{r} 2.67 \\ \times\ 0.82 \\ \hline \end{array}$$

⑨
$$\begin{array}{r} 5.28 \\ \times\ 1.39 \\ \hline \end{array}$$

⑩
$$\begin{array}{r} 0.78 \\ \times\ 2.63 \\ \hline \end{array}$$

⑪
$$\begin{array}{r} 1.36 \\ \times\ 4.35 \\ \hline \end{array}$$

⑫
$$\begin{array}{r} 2.84 \\ \times\ 3.25 \\ \hline \end{array}$$

小数のかけ算の筆算は，これでバッチリ！

答え ▶ 80ページ

計算のくふう

1 □にあてはまる数を書いて，くふうして計算しましょう。　1つ8点【40点】

① $3.6 \times 4 \times 2.5 = 3.6 \times \boxed{10}$　← 計算のきまり
$= 3.6 \times (4 \times 2.5)$　　　　　　　　　　($\blacksquare \times \bullet) \times \blacktriangle = \blacksquare \times (\bullet \times \blacktriangle)$
を使う。

$= \boxed{}$

計算のきまりを使うと，
計算がかんたんになるよ。

② $2.4 \times 1.5 \times 6 = 2.4 \times \boxed{}$

$= \boxed{}$

③ $2.8 \times 1.3 + 7.2 \times 1.3 = \boxed{10} \times 1.3$　← 計算のきまり
$= (2.8 + 7.2) \times 1.3$　　　　　　　　　　　　　$\blacksquare \times \blacktriangle + \bullet \times \blacktriangle = (\blacksquare + \bullet) \times \blacktriangle$
を使う。

$= \boxed{}$

④ $4.6 \times 1.5 + 4.6 \times 3.5 = 4.6 \times \boxed{}$

$= \boxed{}$

⑤ $1.28 \times 7.5 - 0.28 \times 7.5 = \boxed{} \times 7.5$　← 計算のきまり
$= (1.28 - 0.28) \times 7.5$　　　　　　　　　　　　　$\blacksquare \times \blacktriangle - \bullet \times \blacktriangle = (\blacksquare - \bullet) \times \blacktriangle$
を使う。

$= \boxed{}$

2 くふうして計算しましょう。

① $6.8 \times 2.5 \times 4$

② $2.4 \times 8 \times 2.5$

③ $1.7 \times 4 \times 1.5$

④ $39 \times 0.5 \times 0.2$

⑤ $4.3 \times 2.8 + 5.7 \times 2.8$

⑥ $1.9 \times 0.4 + 1.9 \times 1.6$

⑦ $0.46 \times 3.5 + 0.54 \times 3.5$

⑧ $0.8 \times 4.9 - 0.8 \times 1.9$

⑨ $5.7 \times 0.7 - 3.7 \times 0.7$

⑩ $4.9 \times 1.68 - 4.9 \times 0.68$

おつかれさま！ よくがんばったね！

答え ▶ 80ページ

7 小数のかけ算
小数のかけ算の練習

15分

月　日

得点

点

---

1 計算をしましょう。　　　　　　　　　　　　　　　1つ3点【6点】

① $3.52 \times 10 =$ 　　　　　② $0.74 \times 100 =$

---

2 計算をしましょう。　　　　　　　　　　　　　　　1つ3点【6点】

① $60 \times 0.4 =$ 　　　　　② $5 \times 1.3 =$

---

3 計算をしましょう。　　　　　　　　　　　　　　　1つ4点【24点】

①
```
      4 7
  ×  6.3
```

②
```
      2 6
  ×  8.5
```

③
```
      4.9
  ×  7.2
```

④

```
      4.3
  ×1.9 6
```

⑤
```
    0.3 1
  ×2.0 7
```

⑥
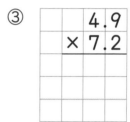
```
    0.7 5
  ×0.2 4
```

---

4 □にあてはまる数を書いて，くふうして計算しましょう。　1つ6点【12点】

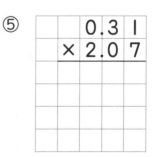
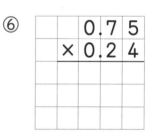

① $2.8 \times 4 \times 2.5 = 2.8 \times$ 　　　 = 　　　

どんなくふうをすれば，計算が楽になるかな。

② $0.51 \times 7.6 + 0.49 \times 7.6 =$ 　　　 $\times 7.6 =$ 　　　

17

5 計算をしましょう。

①
$$\begin{array}{r} 3\,5 \\ \times\ 0.3 \\ \hline \end{array}$$

②
$$\begin{array}{r} 6\,7 \\ \times\ 2.8 \\ \hline \end{array}$$

③
$$\begin{array}{r} 9 \\ \times\ 4.6 \\ \hline \end{array}$$

④
$$\begin{array}{r} 4.7 \\ \times\ 1.9 \\ \hline \end{array}$$

⑤
$$\begin{array}{r} 0.4 \\ \times\ 7.8 \\ \hline \end{array}$$

⑥
$$\begin{array}{r} 2.6 \\ \times\ 0.3 \\ \hline \end{array}$$

⑦
$$\begin{array}{r} 9.4 \\ \times\ 4.5\,6 \\ \hline \end{array}$$

⑧
$$\begin{array}{r} 6.2 \\ \times\ 8.3\,4 \\ \hline \end{array}$$

⑨
$$\begin{array}{r} 8.6 \\ \times\ 7.9\,2 \\ \hline \end{array}$$

⑩
$$\begin{array}{r} 0.2\,9 \\ \times\ 1.0\,6 \\ \hline \end{array}$$

⑪
$$\begin{array}{r} 0.1\,5 \\ \times\ 0.4\,2 \\ \hline \end{array}$$

⑫
$$\begin{array}{r} 0.0\,8 \\ \times\ 0.2\,5 \\ \hline \end{array}$$

6 くふうして計算しましょう。

① $3.14 \times 4 \times 1.5$

② $2.7 \times 0.36 + 2.7 \times 1.64$

③ $4.3 \times 1.23 + 4.3 \times 0.77$

④ $1.28 \times 5.9 - 0.28 \times 5.9$

小数のかけ算はなれたかな？

答え ▶ 80ページ

月　日　10分

得点

点

1 □にあてはまる数を書きましょう。　　　　　　　　1つ3点【18点】

① 29.5を $\frac{1}{10}$ にした数は $\boxed{2.95}$
　　　└─小数点は左へ1けたうつる。

小数を $\frac{1}{10}$ にすると，位が1けた下がるよ。

② 43.62÷10＝ $\boxed{4.362}$
　　　　└─ $\frac{1}{10}$ と同じ。

③ 0.7÷10＝ ☐

④ 0.03÷10＝ ☐

⑤ 521÷10＝ ☐

⑥ 8÷10＝ ☐

2 □にあてはまる数を書きましょう。　　　　　　　　1つ3点【18点】

① 215.8を $\frac{1}{100}$ にした数は
　小数点は左へ
　2けたうつる。 $\boxed{2.158}$

② 72.4÷100＝ $\boxed{0.724}$
　　　　　└─ $\frac{1}{100}$ と同じ。

③ 0.5÷100＝ ☐

④ 463÷100＝ ☐

⑤ 90÷100＝ ☐

⑥ 7÷100＝ ☐

3 □にあてはまる数を書きましょう。　　　　　　　　1つ3点【12点】

① 26.5を $\frac{1}{1000}$ にした数は
　小数点は左へ
　3けたうつる。 $\boxed{0.0265}$

② 60÷1000＝ $\boxed{0.06}$
　　　　　└─ $\frac{1}{1000}$ と同じ。

③ 319.4÷1000＝ ☐

④ 4.2÷1000＝ ☐

4 計算をしましょう。

①, ②1つ2点, ③〜⑥1つ3点【16点】

① 52.8を$\frac{1}{10}$にした数は

② 6.2を$\frac{1}{10}$にした数は

③ 19.45÷10

④ 0.27÷10

⑤ 205÷10

⑥ 3÷10

5 計算をしましょう。

1つ3点【18点】

① 387.2を$\frac{1}{100}$にした数は

② 43.06を$\frac{1}{100}$にした数は

③ 17.6÷100

④ 5.38÷100

⑤ 4.2÷100

⑥ 9÷100

6 計算をしましょう。

1つ3点【18点】

① 251.8を$\frac{1}{1000}$にした数は

② 6.37を$\frac{1}{1000}$にした数は

③ 10.9÷1000

④ 2.75÷1000

⑤ 80÷1000

⑥ 0.4÷1000

小数のわり算, がんばった！

答え ▶ 80ページ

整数÷小数

1 計算をしましょう。

1つ3点【18点】

① $6 \div 1.2 =$ 　5

(6×10)÷(1.2×10)で求められる。

$6 \div 1.2 = □$

×10　×10　同じ

$60 \div 12 = 5$

② $9 \div 1.5 =$

整数の計算でできる
ように考えるんだね。

③ $8 \div 1.6 =$

④ $5 \div 2.5 =$

⑤ $48 \div 3.2 =$

⑥ $75 \div 2.5 =$

2 計算をしましょう。

1つ3点【24点】

① $4 \div 0.5 =$ 　8

(4×10)÷(0.5×10)で求められる。

② $1 \div 0.2 =$

③ $8 \div 0.4 =$

④ $9 \div 0.3 =$

⑤ $36 \div 0.3 =$

⑥ $25 \div 0.2 =$

⑦ $20 \div 0.4 =$

⑧ $38 \div 0.4 =$

3 計算をしましょう。 ①〜④1つ3点, ⑤〜⑧1つ4点【28点】

① $9 \div 1.8$

② $3 \div 1.5$

③ $27 \div 1.8$

④ $49 \div 3.5$

⑤ $72 \div 2.4$

⑥ $40 \div 2.5$

⑦ $90 \div 2.5$

⑧ $84 \div 1.2$

4 計算をしましょう。 ①, ②1つ3点, ③〜⑧1つ4点【30点】

① $24 \div 0.4$

② $36 \div 0.9$

③ $25 \div 0.5$

④ $93 \div 0.3$

⑤ $88 \div 0.4$

⑥ $51 \div 0.6$

⑦ $19 \div 0.2$

⑧ $52 \div 0.8$

計算力がついてきたよ！すばらしい！

答え ▶ 81ページ

10 整数÷小数の筆算

1 計算をしましょう。

1つ4点【36点】

①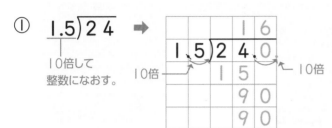

小数でわる筆算

❶わる数とわられる数を10倍し，
わる数を整数になおす。

❷整数のわり算と同じように
計算する。

②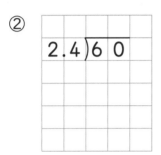

③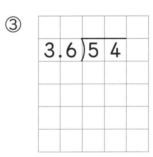

④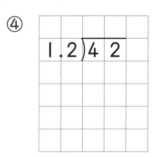

⑤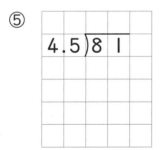

⑥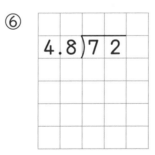

⑦ 3.5)56

⑧ 1.2)480

⑨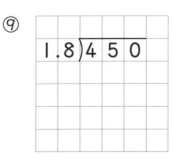

わられる数も
10倍することを
わすれないでね！

2 計算をしましょう。

① $1.4 \overline{)63}$

② $2.2 \overline{)33}$

③ $3.5 \overline{)91}$

④ $1.6 \overline{)56}$

⑤ $4.6 \overline{)69}$

⑥ $2.8 \overline{)70}$

⑦ $7.5 \overline{)180}$

⑧ $4.8 \overline{)720}$

⑨ $2.5 \overline{)650}$

⑩ $1.8 \overline{)108}$

⑪ $2.6 \overline{)182}$

⑫ $3.5 \overline{)210}$

よくがんばったね！えらい！

答え ▶ 81ページ

小数÷小数の筆算①

1 わりきれるまで計算しましょう。

1つ4点【36点】

①
$$2.6\overline{)3.64}$$

↑　　↑
同じけた数だけ
右へうつし，わる数
を整数にする。

➡　商の小数点

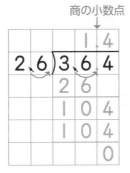

```
        1.4
  2.6)3.6 4
      2 6
      1 0 4
      1 0 4
          0
```

小数÷小数の筆算

❶わる数とわられる数の小数点を
　同じけた数だけ右へうつし，
　わる数を整数にする。

❷整数のときと同じように計算する。

❸わられる数のうつした小数点に
　そろえて，商の小数点をうつ。

②
$$1.8\overline{)5.76}$$

③
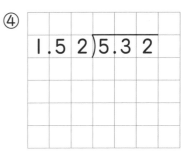

```
          1 6
  0.4 7)7.5 2
右へ2けた 4 7
うつす。 2 8 2
        2 8 2
            0
```

④
$$1.52\overline{)5.32}$$

⑤
0を書いて小数点をうつ。

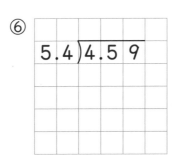

```
        0.8
  7.2)5.7 6
      5 7 6
          0
```

⑥
$$5.4\overline{)4.59}$$

⑦
$$2.8\overline{)2.1}$$

⑧
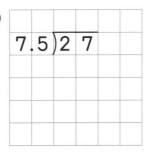

```
        2.5
  3.2)8 0.
      6 4
      1 6 0
      1 6 0
          0
```

←0を
つけ
たす。

⑨
$$7.5\overline{)27}$$

⑧のわられる数「8」
は，「8.0」と小数点が
あると考えて，小数点を
右へうつそう。

2 わりきれるまで計算しましょう。 ①〜④1つ5点, ⑤, ⑥1つ6点【32点】

① $2.7\overline{)9.4\,5}$

② $4.6\overline{)7.8\,2}$

③ $5.9\overline{)3\,9.5\,3}$

④ $3.5\overline{)8.4}$

⑤ $0.38\overline{)9.1\,2}$

⑥ $2.6\overline{)4\,3.9\,4}$

3 わりきれるまで計算しましょう。 ①〜④1つ5点, ⑤, ⑥1つ6点【32点】

① $3.7\overline{)2.2\,2}$

② $2.5\overline{)1.3\,5}$

③ $4.8\overline{)3.6}$

④ $6.4\overline{)4\,8}$

⑤ $3.6\overline{)2.9\,7}$

⑥ $7.5\overline{)1.2\,3}$

小数のわり算の筆算もできるようになってきたね！

答え ▶ 81ページ

12 小数のわり算
小数÷小数の筆算②

1 商は四捨五入して，$\frac{1}{10}$ の位までのがい数で求めましょう。

1つ4点【12点】

①

100の位まで求めてから四捨五入。

②

③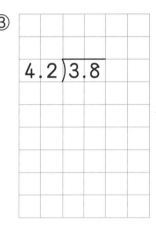

2 商は四捨五入して，上から2けたのがい数で求めましょう。

1つ4点【20点】

①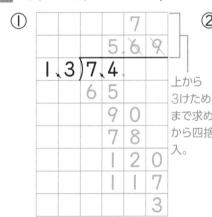

上から3けためまで求めてから四捨五入。

②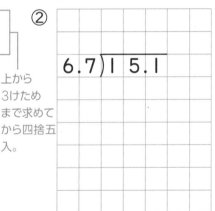

③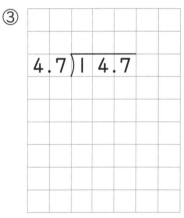

④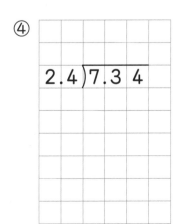

⑤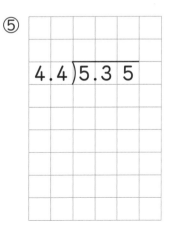

求める位の1つ下の位まで計算しよう。

27

3 商は四捨五入して，$\frac{1}{10}$の位までのがい数で求めましょう。

①，②1つ5点，③〜⑥1つ6点【34点】

① $0.6\overline{)4.3}$

② $0.3\overline{)2}$

③ $2.7\overline{)8.5}$

④ $3.8\overline{)24.9}$

⑤ $0.65\overline{)7.08}$

⑥ $7.4\overline{)210}$

4 商は四捨五入して，上から2けたのがい数で求めましょう。

①，②1つ5点，③〜⑥1つ6点【34点】

① $0.9\overline{)2.3}$

② $2.8\overline{)8.9}$

③ $5.6\overline{)7.1}$

④ $1.5\overline{)3.14}$

⑤ $6.2\overline{)2.86}$

⑥ $0.93\overline{)0.6}$

えらい！ がんばったよ！

答え ▶ 81ページ

小数÷小数の筆算③

1 商は一の位まで求めて，あまりもだしましょう。　　1つ5点【20点】

① 0.6)4.5 ➡

```
          7
0.6)4.5
      4 2
      0.3
```

小数のわり算のあまりの小数点は，わられる数のもとの小数点にそろえてうつ。

②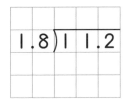
1.8)11.2

③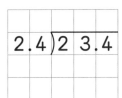
2.4)23.4

④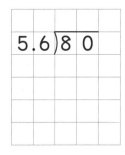
5.6)80

2 商は $\frac{1}{10}$ の位まで求めて，あまりもだしましょう。　　1つ4点【20点】

①
```
        3.7
2.4)9.1
      7 2
      1 9 0
      1 6 8
      0.2 2
```

②
6.5)17.6

③
0.8)3.9

④
7.2)26

⑤
3.6)41.2

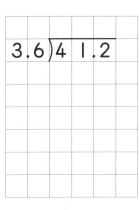

ある数×商＋あまり
＝わられる数で
確かめられるよ。

3 商は一の位まで求めて，あまりもだしましょう。 1つ5点【30点】

① $1.7 \overline{)8.2}$

② $0.9 \overline{)7.5}$

③ $2.6 \overline{)19.1}$

④ $3.8 \overline{)35.4}$

⑤ $1.6 \overline{)20.9}$

⑥ $1.7 \overline{)9.03}$

4 商は $\frac{1}{10}$ の位まで求めて，あまりもだしましょう。 1つ5点【30点】

① $1.7 \overline{)7.5}$

② $8.4 \overline{)21.9}$

③ $9.5 \overline{)35.3}$

④ $0.7 \overline{)18.6}$

⑤ $0.9 \overline{)13}$

⑥ $0.57 \overline{)4.16}$

よくできてるよ！ バッチリだね！

答え ▶ 82ページ

14 小数のわり算
小数のわり算の練習

1 計算をしましょう。　　　　　　　　　　　　　　1つ3点【12点】

① $28.6 \div 10 =$ ☐

② $0.3 \div 10 =$ ☐

③ $4.7 \div 100 =$ ☐

④ $9 \div 1000 =$ ☐

2 わりきれるまで計算しましょう。　　　　　　　　1つ4点【12点】

① 1.6)12

②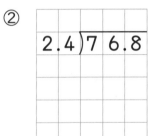

③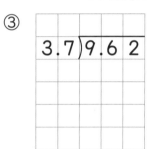

3 ①の商は四捨五入して，上から2けたのがい数で求めましょう。

②，③の商は一の位まで求め，あまりもだしましょう。　　1つ4点【12点】

① 1.5)6.4

②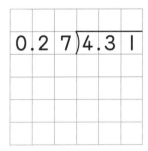

③

4 計算をしましょう。　　　　　　　　　　　　　　　　　1つ4点【16点】

① 12 ÷ 0.3　　　　　　　　　② 56 ÷ 0.8

③ 82 ÷ 0.4　　　　　　　　　④ 98 ÷ 0.7

5 わりきれるまで計算しましょう。　　　　　　　　　　1つ4点【36点】

① 3.6)9　　　　　　② 7.5)21　　　　　　③ 1.9)87.4

④ 6.2)27.9　　　　　⑤ 4.5)8.1　　　　　⑥ 7.6)26.6

⑦ 0.19)1.33　　　　⑧ 0.65)5.2　　　　　⑨ 6.4)3.04

6 ①，②の商は四捨五入して，上から2けたのがい数で求めましょう。

③の商は一の位まで求めて，あまりもだしましょう。　　1つ4点【12点】

① 3.8)6.41　　　　　② 0.74)0.2　　　　　③ 2.9)23.6

おつかれさま。次はプログラミングにちょうせんだ！

答え ▶ 82ページ

❶ あるロボットに，はじめに「0」という数字を覚えさせます。
その後，命令した順に，計算させていきます。

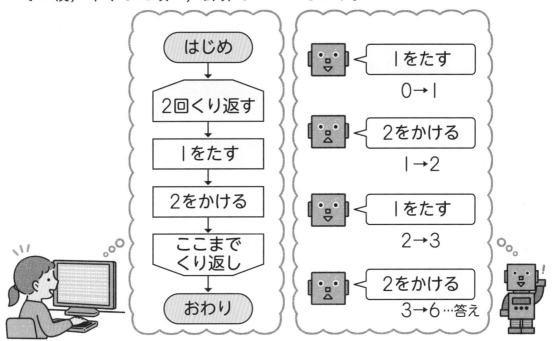

同じロボットに，次のように命令しました。このとき，おわりの答えはいくつになりますか。

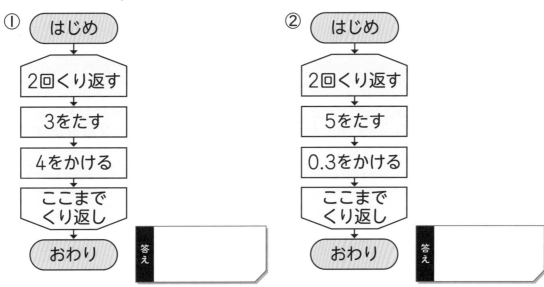

① はじめ / 2回くり返す / 3をたす / 4をかける / ここまでくり返し / おわり　答え □

② はじめ / 2回くり返す / 5をたす / 0.3をかける / ここまでくり返し / おわり　答え □

2 あるロボットは，はじめに「0.2」という小数を覚えています。
命令した順に，0.2から計算していきます。

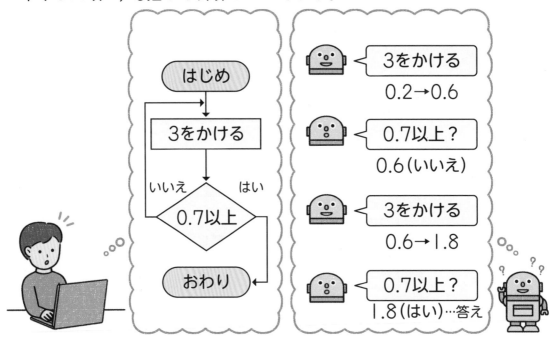

同じロボットに，次のように命令しました。このとき，おわりの答えはいくつになりますか。

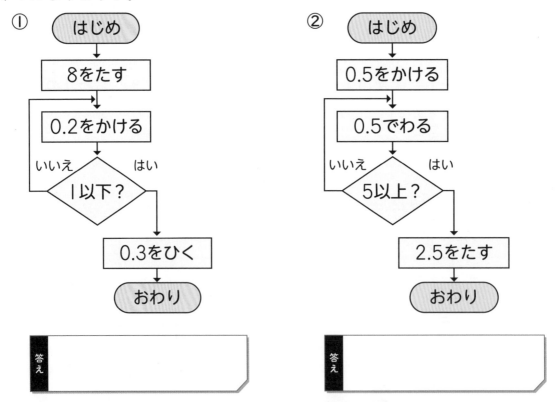

① はじめ
8をたす
0.2をかける
いいえ　はい
1以下？
0.3をひく
おわり

答え

② はじめ
0.5をかける
0.5でわる
いいえ　はい
5以上？
2.5をたす
おわり

答え

答え ▶ 82ページ

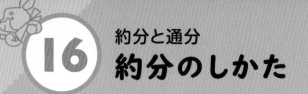

16 約分と通分
約分のしかた

1 次の分数を約分します。□にあてはまる数を書きましょう。　1つ2点【20点】

① $\dfrac{6}{9} = \dfrac{6 \div 3}{9 \div 3} = \dfrac{\boxed{2}}{\boxed{3}}$

分数の分子と分母を同じ数で
わって，分母の小さい分数に
することを**約分する**といいます。

$\dfrac{\blacktriangle}{\blacksquare} = \dfrac{\blacktriangle \div \bullet}{\blacksquare \div \bullet}$

② $\dfrac{12}{18} = \dfrac{\boxed{}}{9} = \dfrac{\boxed{}}{\boxed{3}}$

分母・分子を公約数でわる。

③ $\dfrac{4}{16} = \dfrac{\boxed{}}{8} = \dfrac{\boxed{}}{\boxed{}}$

④ $1\dfrac{20}{24} = 1\dfrac{10}{\boxed{}} = 1\dfrac{\boxed{5}}{\boxed{}}$

⑤ $2\dfrac{10}{30} = 2\dfrac{5}{\boxed{}} = 2\dfrac{\boxed{}}{\boxed{}}$

⑥ $\dfrac{6}{18} = \dfrac{\boxed{}}{\boxed{3}}$　最大公約数でわる。

⑦ $\dfrac{12}{16} = \dfrac{\boxed{}}{\boxed{}}$

⑧ $\dfrac{27}{36} = \dfrac{\boxed{}}{\boxed{}}$

⑨ $\dfrac{14}{28} = \dfrac{\boxed{}}{\boxed{}}$

⑩ $2\dfrac{30}{50} = 2\dfrac{\boxed{}}{\boxed{}}$

分母と分子の最大公約数
でわると，1回で約分
できるね。

2 約分しましょう。

①1つ2点，②〜㉗1つ3点【80点】

① $\dfrac{2}{4}$

② $\dfrac{6}{8}$

③ $\dfrac{8}{10}$

④ $\dfrac{4}{6}$

⑤ $\dfrac{10}{12}$

⑥ $\dfrac{7}{14}$

⑦ $\dfrac{18}{20}$

⑧ $\dfrac{10}{15}$

⑨ $\dfrac{9}{12}$

⑩ $\dfrac{14}{18}$

⑪ $\dfrac{18}{21}$

⑫ $\dfrac{20}{25}$

⑬ $\dfrac{14}{21}$

⑭ $\dfrac{10}{14}$

⑮ $\dfrac{35}{45}$

⑯ $\dfrac{11}{22}$

⑰ $\dfrac{16}{20}$

⑱ $\dfrac{18}{24}$

⑲ $\dfrac{16}{32}$

⑳ $\dfrac{18}{27}$

㉑ $\dfrac{24}{30}$

㉒ $1\dfrac{27}{45}$

㉓ $2\dfrac{30}{36}$

㉔ $1\dfrac{16}{48}$

㉕ $4\dfrac{40}{50}$

㉖ $3\dfrac{8}{40}$

㉗ $2\dfrac{24}{48}$

約分もよくできたね！

答え ▶ 82ページ

約分と通分
通分のしかた

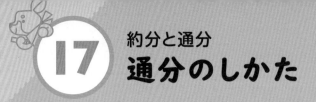

1 （　）の中の分数を通分します。□にあてはまる数を書きましょう。1つ4点【12点】

① $\left(\dfrac{2}{3},\ \dfrac{1}{2}\right)$

分母がちがう分数を,
分母が同じ分数になおすことを
通分するといいます。

（例）$\dfrac{1}{3}=\dfrac{1\times2}{3\times2}=\dfrac{2}{6}$

$\dfrac{1}{2}=\dfrac{1\times3}{2\times3}=\dfrac{3}{6}$

$\dfrac{2}{3}=\dfrac{2\times2}{3\times2}=\dfrac{4}{6}$

$\dfrac{1}{2}=\dfrac{1\times3}{2\times3}=\dfrac{3}{6}$

分母の最小公倍数を
分母にしよう。

② $\left(\dfrac{3}{4},\ \dfrac{7}{10}\right)$

$\dfrac{3}{4}=\dfrac{3\times5}{4\times5}=\dfrac{\square}{\square}$

$\dfrac{7}{10}=\dfrac{7\times2}{10\times2}=\dfrac{\square}{\square}$

③ $\left(1\dfrac{7}{8},\ 2\dfrac{5}{6}\right)$

整数部分はそのまま。

$1\dfrac{7}{8}=1\dfrac{7\times\square}{8\times3}=1\dfrac{\square}{\square}$

$2\dfrac{5}{6}=2\dfrac{5\times\square}{6\times4}=2\dfrac{\square}{\square}$

2 （　）の中の分数を通分しましょう。 1つ4点【16点】

① $\left(\dfrac{1}{3},\ \dfrac{5}{9}\right)$

（　　　　）

② $\left(\dfrac{3}{10},\ \dfrac{3}{5}\right)$

（　　　　）

③ $\left(1\dfrac{2}{5},\ 2\dfrac{1}{4}\right)$

（　　　　）

④ $\left(\dfrac{1}{8},\ \dfrac{2}{3},\ \dfrac{1}{4}\right)$

（　　　　）

3 （　　）の中の分数を通分しましょう。　　　　　　　1つ6点【72点】

① $\left(\dfrac{5}{6},\ \dfrac{1}{2}\right)$

（　　　　　　　）

② $\left(\dfrac{4}{5},\ \dfrac{7}{10}\right)$

（　　　　　　　）

③ $\left(\dfrac{2}{9},\ \dfrac{1}{6}\right)$

（　　　　　　　）

④ $\left(\dfrac{2}{3},\ \dfrac{4}{7}\right)$

（　　　　　　　）

⑤ $\left(1\dfrac{7}{15},\ 2\dfrac{3}{5}\right)$

（　　　　　　　）

⑥ $\left(2\dfrac{3}{4},\ 1\dfrac{1}{6}\right)$

（　　　　　　　）

⑦ $\left(2\dfrac{7}{8},\ 3\dfrac{5}{12}\right)$

（　　　　　　　）

⑧ $\left(1\dfrac{3}{10},\ 2\dfrac{2}{15}\right)$

（　　　　　　　）

⑨ $\left(\dfrac{7}{12},\ \dfrac{4}{9},\ \dfrac{1}{3}\right)$

（　　　　　　　）

⑩ $\left(\dfrac{5}{6},\ \dfrac{2}{5},\ \dfrac{1}{2}\right)$

（　　　　　　　）

⑪ $\left(\dfrac{1}{6},\ \dfrac{3}{8},\ \dfrac{3}{4}\right)$

（　　　　　　　）

⑫ $\left(\dfrac{11}{12},\ \dfrac{9}{10},\ \dfrac{2}{5}\right)$

（　　　　　　　）

アプリに，得点を登録しよう！

答え ▶ 83ページ

18 約分と通分の練習

1 約分しましょう。 1つ4点【24点】

① $\dfrac{5}{10} = \dfrac{5 \div 5}{10 \div 5} = \dfrac{\square}{\square}$

② $\dfrac{2}{14} = \dfrac{2 \div 2}{14 \div 2} = \dfrac{\square}{\square}$

③ $\dfrac{12}{15} = \dfrac{12 \div 3}{15 \div 3} = \dfrac{\square}{\square}$

④ $\dfrac{18}{24} = \dfrac{18 \div 6}{24 \div 6} = \dfrac{\square}{\square}$

⑤ $1\dfrac{12}{36} = 1\dfrac{12 \div 12}{36 \div 12} = 1\dfrac{\square}{\square}$

⑥ $1\dfrac{10}{15} = 1\dfrac{10 \div 5}{15 \div 5} = 1\dfrac{\square}{\square}$

2 （ ）の中の分数を通分しましょう。 1つ4点【16点】

① $\left(\dfrac{1}{5}, \dfrac{1}{7}\right)$

$\dfrac{1}{5} = \dfrac{1 \times 7}{5 \times 7} = \dfrac{\square}{\square}$

$\dfrac{1}{7} = \dfrac{1 \times 5}{7 \times 5} = \dfrac{\square}{\square}$

② $\left(\dfrac{5}{7}, \dfrac{1}{2}\right)$

$\dfrac{5}{7} = \dfrac{5 \times 2}{7 \times 2} = \dfrac{\square}{\square}$

$\dfrac{1}{2} = \dfrac{1 \times 7}{2 \times 7} = \dfrac{\square}{\square}$

③ $\left(1\dfrac{2}{3}, 1\dfrac{1}{4}\right)$

$1\dfrac{2}{3} = 1\dfrac{2 \times 4}{3 \times 4} = 1\dfrac{\square}{\square}$

$1\dfrac{1}{4} = 1\dfrac{1 \times 3}{4 \times 3} = 1\dfrac{\square}{\square}$

④ $\left(2\dfrac{4}{5}, 3\dfrac{5}{6}\right)$

$2\dfrac{4}{5} = 2\dfrac{4 \times 6}{5 \times 6} = 2\dfrac{\square}{\square}$

$3\dfrac{5}{6} = 3\dfrac{5 \times 5}{6 \times 5} = 3\dfrac{\square}{\square}$

3 約分しましょう。 1つ4点【24点】

① $\dfrac{49}{84}$

② $\dfrac{117}{162}$

③ $2\dfrac{15}{18}$

④ $3\dfrac{36}{52}$

⑤ $3\dfrac{40}{56}$

⑥ $5\dfrac{90}{100}$

4 （　　）の中の分数を通分しましょう。 ①〜④1つ4点, ⑤〜⑧1つ5点【36点】

① $\left(\dfrac{2}{9}, \ \dfrac{1}{6}\right)$

② $\left(\dfrac{2}{3}, \ \dfrac{4}{7}\right)$

（　　　　　）

（　　　　　）

③ $\left(2\dfrac{1}{9}, \ 1\dfrac{5}{12}\right)$

④ $\left(1\dfrac{1}{15}, \ 2\dfrac{7}{20}\right)$

（　　　　　）

（　　　　　）

⑤ $\left(\dfrac{4}{5}, \ \dfrac{5}{8}, \ \dfrac{1}{2}\right)$

⑥ $\left(\dfrac{1}{2}, \ \dfrac{1}{5}, \ \dfrac{3}{4}\right)$

（　　　　　）

（　　　　　）

⑦ $\left(\dfrac{2}{3}, \ \dfrac{1}{8}, \ \dfrac{5}{6}\right)$

⑧ $\left(\dfrac{1}{18}, \ \dfrac{5}{12}, \ \dfrac{3}{4}\right)$

（　　　　　）

（　　　　　）

集中してがんばったね！

答え ▶ 83ページ

19 約分のない 真分数＋真分数の計算

月　日　**10**分

得点

点

1 □にあてはまる数を書きましょう。

1つ5点【40点】

① $\dfrac{1}{2} + \dfrac{1}{3} = \dfrac{3}{6} + \dfrac{2}{6}$ —通分

$= \dfrac{\boxed{5}}{\boxed{6}}$ —分子どうしをたす。

② $\dfrac{2}{5} + \dfrac{1}{2} = \dfrac{4}{10} + \dfrac{5}{10}$

$= \dfrac{\square}{\square}$

③ $\dfrac{3}{4} + \dfrac{3}{8} = \dfrac{6}{8} + \dfrac{3}{8}$

$= \dfrac{\square}{\square}$

④ $\dfrac{1}{3} + \dfrac{5}{6} = \dfrac{2}{6} + \dfrac{5}{6}$

$= \dfrac{\square}{\square}$

通分して分母をそろえよう。

⑤ $\dfrac{3}{8} + \dfrac{1}{2} = \dfrac{3}{8} + \dfrac{\boxed{4}}{\boxed{8}}$

$= \dfrac{\square}{\square}$

⑥ $\dfrac{2}{3} + \dfrac{2}{7} = \dfrac{14}{21} + \dfrac{\square}{\square}$

$= \dfrac{\square}{\square}$

⑦ $\dfrac{5}{8} + \dfrac{1}{6} = \dfrac{\square}{24} + \dfrac{\square}{24}$

$= \dfrac{\square}{\square}$

⑧ $\dfrac{4}{5} + \dfrac{1}{3} = \dfrac{\square}{15} + \dfrac{\square}{15}$

$= \dfrac{\square}{\square}$

2 計算をしましょう。

① $\dfrac{1}{2} + \dfrac{1}{8}$

② $\dfrac{1}{5} + \dfrac{2}{3}$

③ $\dfrac{1}{8} + \dfrac{3}{4}$

④ $\dfrac{1}{4} + \dfrac{1}{6}$

⑤ $\dfrac{2}{9} + \dfrac{2}{3}$

⑥ $\dfrac{1}{2} + \dfrac{3}{4}$

⑦ $\dfrac{3}{4} + \dfrac{2}{3}$

⑧ $\dfrac{2}{3} + \dfrac{5}{7}$

⑨ $\dfrac{1}{2} + \dfrac{7}{9}$

⑩ $\dfrac{5}{6} + \dfrac{5}{8}$

分数のたし算もがんばろう！

答え ▶ 83ページ

約分のある真分数＋真分数の計算

1 □にあてはまる数を書きましょう。　①〜⑤1つ4点，⑥，⑦1つ5点【30点】

①　$\dfrac{1}{3} + \dfrac{1}{6} = \dfrac{2}{6} + \dfrac{1}{6}$

$= \dfrac{3}{6} = \dfrac{1}{2}$

└ 約分 ┘

②　$\dfrac{1}{5} + \dfrac{3}{10} = \dfrac{2}{10} + \dfrac{3}{10}$

$= \dfrac{5}{10} = \dfrac{\Box}{\Box}$

③　$\dfrac{1}{6} + \dfrac{1}{2} = \dfrac{1}{6} + \dfrac{3}{6}$

$= \dfrac{4}{6} = \dfrac{\Box}{\Box}$

④　$\dfrac{1}{12} + \dfrac{2}{3} = \dfrac{1}{12} + \dfrac{8}{12}$

$= \dfrac{9}{12} = \dfrac{\Box}{\Box}$

⑤　$\dfrac{5}{12} + \dfrac{1}{3} = \dfrac{5}{12} + \dfrac{4}{12}$

$= \dfrac{\Box}{12} = \dfrac{\Box}{\Box}$

⑥　$\dfrac{3}{5} + \dfrac{1}{15} = \dfrac{9}{15} + \dfrac{1}{15}$

$= \dfrac{\Box}{15} = \dfrac{\Box}{\Box}$

⑦　$\dfrac{2}{3} + \dfrac{2}{15} = \dfrac{10}{15} + \dfrac{2}{15}$

$= \dfrac{\Box}{15} = \dfrac{\Box}{\Box}$

最大公約数で約分しよう。

① $\dfrac{1}{3} + \dfrac{1}{15}$

② $\dfrac{1}{2} + \dfrac{3}{10}$

③ $\dfrac{1}{10} + \dfrac{2}{5}$

④ $\dfrac{1}{12} + \dfrac{1}{4}$

⑤ $\dfrac{3}{5} + \dfrac{3}{20}$

⑥ $\dfrac{1}{5} + \dfrac{2}{15}$

⑦ $\dfrac{1}{18} + \dfrac{5}{6}$

⑧ $\dfrac{5}{14} + \dfrac{1}{2}$

⑨ $\dfrac{2}{3} + \dfrac{1}{12}$

⑩ $\dfrac{1}{20} + \dfrac{3}{4}$

やったね！ よくできた！

答え ▶ 83ページ

1 □にあてはまる数を書きましょう。

①～⑤1つ4点，⑥，⑦1つ5点【30点】

① $\dfrac{5}{6} + \dfrac{1}{2} = \dfrac{5}{6} + \dfrac{3}{6}$

$= \dfrac{8}{6} = \dfrac{4}{3}$

└──約分──┘

② $\dfrac{1}{3} + \dfrac{11}{12} = \dfrac{4}{12} + \dfrac{11}{12}$

$= \dfrac{15}{12} = \dfrac{\boxed{}}{\boxed{}}$

③ $\dfrac{2}{9} + \dfrac{17}{18} = \dfrac{4}{18} + \dfrac{17}{18}$

$= \dfrac{21}{18} = \dfrac{\boxed{}}{\boxed{}}$

④ $\dfrac{5}{6} + \dfrac{9}{14} = \dfrac{35}{42} + \dfrac{27}{42}$

$= \dfrac{62}{42} = \dfrac{\boxed{}}{\boxed{}}$

⑤ $\dfrac{3}{2} + \dfrac{7}{10} = \dfrac{15}{10} + \dfrac{7}{10}$

$= \dfrac{\boxed{}}{10} = \dfrac{\boxed{}}{\boxed{}}$

⑥ $\dfrac{5}{3} + \dfrac{7}{12} = \dfrac{20}{12} + \dfrac{7}{12}$

$= \dfrac{\boxed{}}{12} = \dfrac{\boxed{}}{\boxed{}}$

約分のしわすれ
に注意しよう。

⑦ $\dfrac{11}{10} + \dfrac{7}{18} = \dfrac{99}{90} + \dfrac{35}{90}$

$= \dfrac{\boxed{}}{90} = \dfrac{\boxed{}}{\boxed{}}$

計算をしましょう。

① $\dfrac{2}{3} + \dfrac{5}{6}$

② $\dfrac{1}{4} + \dfrac{11}{12}$

③ $\dfrac{11}{15} + \dfrac{3}{5}$

④ $\dfrac{4}{5} + \dfrac{7}{10}$

⑤ $\dfrac{9}{10} + \dfrac{14}{15}$

⑥ $\dfrac{1}{6} + \dfrac{7}{3}$

⑦ $\dfrac{11}{9} + \dfrac{5}{18}$

⑧ $\dfrac{8}{3} + \dfrac{7}{12}$

⑨ $\dfrac{8}{5} + \dfrac{3}{20}$

⑩ $\dfrac{9}{10} + \dfrac{11}{6}$

分数の計算，どんどんできるようになってるね！

答え ▶ 84ページ

22 分数のたし算
3つの分数のたし算

月　　日　⑩分

得点

点

1 □にあてはまる数を書きましょう。　　　　　1つ5点【20点】

① $\dfrac{1}{12} + \dfrac{2}{3} + \dfrac{1}{6} = \dfrac{1}{12} + \dfrac{8}{12} + \dfrac{\boxed{2}}{12}$ ─まとめて通分

$\quad\quad\quad = \dfrac{\boxed{11}}{\boxed{12}}$

② $\dfrac{1}{3} + \dfrac{1}{6} + \dfrac{1}{4} = \dfrac{4}{12} + \dfrac{\boxed{}}{12} + \dfrac{\boxed{}}{12}$

$\quad\quad\quad = \dfrac{\boxed{}}{12} = \dfrac{\boxed{}}{\boxed{}}$ ─約分─↑

③ $\dfrac{1}{6} + \dfrac{3}{4} + \dfrac{1}{8} = \dfrac{\boxed{}}{24} + \dfrac{\boxed{}}{24} + \dfrac{\boxed{}}{24}$

$\quad\quad\quad = \dfrac{\boxed{}}{\boxed{}}$

④ $\dfrac{1}{3} + \dfrac{5}{8} + \dfrac{1}{6} = \dfrac{\boxed{}}{24} + \dfrac{\boxed{}}{24} + \dfrac{\boxed{}}{24}$

$\quad\quad\quad = \dfrac{\boxed{}}{24} = \dfrac{\boxed{}}{\boxed{}}$

分数が3つになっても
計算のしかたは
今までと同じだよ。

47

① $\dfrac{1}{6} + \dfrac{1}{3} + \dfrac{4}{9}$

② $\dfrac{1}{6} + \dfrac{3}{8} + \dfrac{5}{12}$

③ $\dfrac{1}{3} + \dfrac{1}{2} + \dfrac{1}{4}$

④ $\dfrac{2}{5} + \dfrac{3}{4} + \dfrac{3}{10}$

⑤ $\dfrac{1}{2} + \dfrac{1}{5} + \dfrac{1}{10}$

⑥ $\dfrac{3}{10} + \dfrac{1}{3} + \dfrac{1}{5}$

⑦ $\dfrac{1}{3} + \dfrac{5}{6} + \dfrac{1}{2}$

⑧ $\dfrac{1}{6} + \dfrac{2}{3} + \dfrac{11}{12}$

えらい！ よくできたね！

答え ▶ 84ページ

帯分数のあるたし算

1 □にあてはまる数を書きましょう。　1つ5点【30点】

① ⑦ $1\dfrac{1}{4} + \dfrac{2}{5} = 1\dfrac{5}{20} + \dfrac{8}{20}$

整数部分は
そのまま。　$= 1\dfrac{\boxed{13}}{\boxed{20}}$

④ $1\dfrac{1}{4} + \dfrac{2}{5} = \dfrac{5}{4} + \dfrac{2}{5}$

帯分数を
仮分数に
なおす。　$= \dfrac{25}{20} + \dfrac{8}{20}$

$= \dfrac{\boxed{33}}{\boxed{20}}$

答えは同じ。

② ⑦ $2\dfrac{1}{6} + 1\dfrac{2}{3} = 2\dfrac{1}{6} + 1\dfrac{4}{6}$

$= 3\dfrac{\boxed{}}{\boxed{}}$

④ $2\dfrac{1}{6} + 1\dfrac{2}{3} = \dfrac{13}{6} + \dfrac{5}{3}$

$= \dfrac{13}{6} + \dfrac{10}{6}$

$= \dfrac{\boxed{}}{\boxed{}}$

③ ⑦ $\dfrac{5}{12} + 2\dfrac{1}{3} = \dfrac{5}{12} + 2\dfrac{4}{12}$

$= 2\dfrac{\boxed{}}{12}$

約分

$= 2\dfrac{\boxed{}}{\boxed{}}$

⑦と④のどちらでも
計算できるね。

④ $\dfrac{5}{12} + 2\dfrac{1}{3} = \dfrac{5}{12} + \dfrac{7}{3}$

$= \dfrac{5}{12} + \dfrac{28}{12}$

$= \dfrac{\boxed{}}{12} = \dfrac{\boxed{}}{\boxed{}}$

約分

① $1\dfrac{1}{4} + \dfrac{2}{3}$

② $\dfrac{2}{5} + 2\dfrac{3}{7}$

③ $1\dfrac{3}{8} + \dfrac{4}{5}$

④ $\dfrac{5}{6} + 1\dfrac{7}{8}$

⑤ $2\dfrac{7}{9} + \dfrac{7}{18}$

⑥ $\dfrac{3}{10} + 1\dfrac{1}{6}$

⑦ $1\dfrac{2}{5} + 2\dfrac{1}{6}$

⑧ $1\dfrac{1}{2} + 1\dfrac{3}{10}$

⑨ $2\dfrac{5}{6} + 1\dfrac{4}{9}$

⑩ $3\dfrac{3}{4} + 1\dfrac{7}{12}$

分母のちがう分数のたし算はばっちりだね！

答え ▶ 84ページ

24 分数のたし算
分数と小数のたし算

1 $\dfrac{1}{5}+0.7$ の計算をします。□にあてはまる数を書きましょう。　1つ5点【10点】

⑦　$\dfrac{1}{5}+0.7=\dfrac{1}{5}+\dfrac{\boxed{7}}{\boxed{10}}$

小数を分数になおす。

$=\dfrac{2}{10}+\dfrac{\boxed{7}}{\boxed{10}}$

$=\dfrac{\boxed{9}}{\boxed{10}}$

⑦　$\dfrac{1}{5}+0.7=\boxed{0.2}+0.7$

分数を小数になおす。

$=\boxed{0.9}$

答えは同じ。

⑦と⑦のどちらを使っても計算できるよ。

2 $0.2+\dfrac{1}{6}$ の計算をします。□にあてはまる数を書きましょう。　1つ5点【10点】

⑦　$0.2+\dfrac{1}{6}=\dfrac{2}{10}+\dfrac{1}{6}=\dfrac{6}{30}+\dfrac{\boxed{}}{30}=\dfrac{\boxed{}}{30}$

⑦　$\dfrac{1}{6}=1÷\boxed{}=0.166\cdots$ となって，きちんとした小数になおせないから，小数にそろえた計算はできない。

3 □にあてはまる数を書きましょう。　1つ5点【10点】

⑦　$0.7+\dfrac{1}{4}=\dfrac{7}{10}+\dfrac{1}{4}$

$=\dfrac{14}{20}+\dfrac{\boxed{}}{\boxed{}}$

$=\dfrac{\boxed{}}{\boxed{}}$

⑦　$0.7+\dfrac{1}{4}=0.7+\boxed{}$

$=\boxed{}$

計算をしましょう。

① $\dfrac{1}{10} + 0.2$

② $0.4 + \dfrac{1}{2}$

③ $0.5 + \dfrac{1}{5}$

④ $\dfrac{2}{3} + 0.2$

⑤ $\dfrac{1}{7} + 0.3$

⑥ $0.25 + \dfrac{3}{4}$

⑦ $0.4 + \dfrac{2}{9}$

⑧ $\dfrac{7}{20} + 0.45$

⑨ $\dfrac{1}{8} + 0.65$

⑩ $0.35 + \dfrac{9}{25}$

小数と分数がまじったたし算もできてる！ えらいぞ！

答え　84ページ

分数のたし算の練習①

1 計算をしましょう。

1つ4点【40点】

① $\dfrac{1}{2} + \dfrac{1}{4} = \dfrac{\boxed{}}{\boxed{}} + \dfrac{1}{4} = \dfrac{\boxed{}}{\boxed{}}$

② $\dfrac{3}{4} + \dfrac{4}{5}$

③ $\dfrac{2}{3} + \dfrac{3}{5}$

④ $\dfrac{1}{6} + \dfrac{1}{12}$

⑤ $\dfrac{7}{15} + \dfrac{7}{10}$

⑥ $\dfrac{1}{2} + \dfrac{1}{10}$

⑦ $\dfrac{7}{15} + \dfrac{4}{3}$

⑧ $\dfrac{11}{12} + \dfrac{5}{4}$

⑨ $\dfrac{5}{3} + \dfrac{1}{21}$

⑩ $\dfrac{6}{5} + \dfrac{7}{10}$

約分できるときは，
最大公約数で
約分しよう。

計算をしましょう。

① $\dfrac{2}{3} + \dfrac{1}{6}$

② $\dfrac{1}{4} + \dfrac{2}{5}$

③ $\dfrac{2}{9} + \dfrac{5}{6}$

④ $\dfrac{3}{8} + \dfrac{1}{6}$

⑤ $\dfrac{3}{4} + \dfrac{7}{10}$

⑥ $\dfrac{4}{15} + \dfrac{1}{3}$

⑦ $\dfrac{7}{20} + \dfrac{1}{4}$

⑧ $\dfrac{5}{6} + \dfrac{5}{12}$

⑨ $\dfrac{7}{18} + \dfrac{7}{9}$

⑩ $\dfrac{11}{10} + \dfrac{7}{6}$

⑪ $\dfrac{7}{12} + \dfrac{9}{4}$

⑫ $\dfrac{5}{18} + \dfrac{11}{6}$

ぜんぶ正解できたかな？

答え　85ページ

分数のたし算の練習②

1 計算をしましょう。　　　　　　　　　　　　　　1つ4点【12点】

① $\dfrac{1}{5} + \dfrac{1}{2} + \dfrac{3}{4} = \dfrac{\boxed{}}{20} + \dfrac{\boxed{}}{20} + \dfrac{\boxed{}}{20} = \dfrac{\boxed{}}{\boxed{}}$

② $\dfrac{1}{3} + \dfrac{1}{5} + \dfrac{2}{9}$

③ $\dfrac{1}{6} + \dfrac{1}{8} + \dfrac{1}{4}$

2 計算をしましょう。　　　　　　　　　　　　　　1つ4点【20点】

① $1\dfrac{2}{5} + 2\dfrac{3}{8} = 1\dfrac{\boxed{}}{\boxed{}} + 2\dfrac{\boxed{}}{\boxed{}} = 3\dfrac{\boxed{}}{\boxed{}}$

② $2\dfrac{3}{4} + 3\dfrac{1}{2}$

③ $2\dfrac{3}{10} + \dfrac{1}{6}$

④ $\dfrac{1}{3} + 0.2$

⑤ $\dfrac{2}{5} + 0.6$

⑤は小数を分数にな
おすか，分数を小数
になおして計算しよう。

計算をしましょう。

① $\dfrac{3}{4} + \dfrac{5}{8} + \dfrac{7}{10}$

② $\dfrac{2}{3} + \dfrac{5}{6} + \dfrac{1}{4}$

③ $\dfrac{3}{10} + \dfrac{1}{5} + \dfrac{3}{4}$

④ $\dfrac{2}{7} + \dfrac{1}{3} + \dfrac{1}{2}$

計算をしましょう。

1つ7点【42点】

① $\dfrac{4}{5} + 1\dfrac{7}{9}$

② $2\dfrac{2}{3} + 3\dfrac{2}{15}$

③ $1\dfrac{7}{10} + 2\dfrac{1}{2}$

④ $\dfrac{4}{5} + 1.2$

⑤ $0.25 + \dfrac{1}{6}$

⑥ $0.8 + \dfrac{3}{4}$

分数のたし算は，これでバッチリ！

答え　85ページ

27 約分のない 真分数－真分数の計算

月　日　10分

得点

点

1 □にあてはまる数を書きましょう。

1つ5点【40点】

① $\dfrac{4}{5} - \dfrac{1}{2} = \dfrac{8}{10} - \dfrac{5}{10}$ ——通分

$= \dfrac{\boxed{3}}{\boxed{10}}$ ——分子どうしをひく。

② $\dfrac{5}{6} - \dfrac{3}{4} = \dfrac{10}{12} - \dfrac{9}{12}$

$= \dfrac{\boxed{}}{\boxed{}}$

通分して分母をそろえてから計算しよう。

③ $\dfrac{2}{3} - \dfrac{2}{5} = \dfrac{10}{15} - \dfrac{\boxed{}}{15}$

$= \dfrac{\boxed{}}{\boxed{}}$

④ $\dfrac{3}{8} - \dfrac{1}{6} = \dfrac{9}{24} - \dfrac{\boxed{}}{24}$

$= \dfrac{\boxed{}}{\boxed{}}$

⑤ $\dfrac{2}{3} - \dfrac{1}{2} = \dfrac{4}{6} - \dfrac{\boxed{}}{\boxed{}}$

$= \dfrac{\boxed{}}{\boxed{}}$

⑥ $\dfrac{4}{5} - \dfrac{2}{3} = \dfrac{\boxed{}}{15} - \dfrac{\boxed{}}{\boxed{}}$

$= \dfrac{\boxed{}}{\boxed{}}$

⑦ $\dfrac{7}{8} - \dfrac{3}{4} = \dfrac{7}{8} - \dfrac{\boxed{}}{\boxed{}}$

$= \dfrac{\boxed{}}{\boxed{}}$

⑧ $\dfrac{4}{5} - \dfrac{3}{4} = \dfrac{\boxed{}}{20} - \dfrac{\boxed{}}{\boxed{}}$

$= \dfrac{\boxed{}}{\boxed{}}$

2 計算をしましょう。

① $\dfrac{1}{2} - \dfrac{1}{4}$

② $\dfrac{8}{9} - \dfrac{2}{3}$

③ $\dfrac{3}{4} - \dfrac{2}{5}$

④ $\dfrac{5}{7} - \dfrac{1}{2}$

⑤ $\dfrac{5}{8} - \dfrac{1}{6}$

⑥ $\dfrac{3}{4} - \dfrac{7}{10}$

⑦ $\dfrac{7}{9} - \dfrac{1}{3}$

⑧ $\dfrac{7}{8} - \dfrac{5}{6}$

⑨ $\dfrac{9}{10} - \dfrac{3}{4}$

⑩ $\dfrac{5}{6} - \dfrac{1}{4}$

分数のひき算もなれていこうね。

答え ▶ 85ページ

28 約分のある 真分数−真分数の計算

月　日　10分

得点　　　点

1 □にあてはまる数を書きましょう。　　　①〜⑤1つ4点, ⑥, ⑦1つ5点【30点】

① $\dfrac{5}{6} - \dfrac{1}{2} = \dfrac{5}{6} - \dfrac{3}{6}$ ——通分

$= \dfrac{2}{6} = \dfrac{\boxed{1}}{\boxed{3}}$

└─約分─↑

② $\dfrac{9}{10} - \dfrac{2}{5} = \dfrac{9}{10} - \dfrac{4}{10}$

$= \dfrac{5}{10} = \dfrac{\boxed{}}{\boxed{}}$

③ $\dfrac{11}{12} - \dfrac{2}{3} = \dfrac{11}{12} - \dfrac{8}{12}$

$= \dfrac{3}{12} = \dfrac{\boxed{}}{\boxed{}}$

④ $\dfrac{11}{14} - \dfrac{2}{7} = \dfrac{11}{14} - \dfrac{4}{14}$

$= \dfrac{7}{14} = \dfrac{\boxed{}}{\boxed{}}$

⑤ $\dfrac{1}{6} - \dfrac{1}{15} = \dfrac{5}{30} - \dfrac{2}{30}$

$= \dfrac{\boxed{}}{30} = \dfrac{\boxed{}}{\boxed{}}$

⑥ $\dfrac{13}{18} - \dfrac{1}{6} = \dfrac{13}{18} - \dfrac{\boxed{}}{18}$

$= \dfrac{\boxed{}}{18} = \dfrac{\boxed{}}{\boxed{}}$

⑦ $\dfrac{7}{10} - \dfrac{5}{18} = \dfrac{63}{90} - \dfrac{\boxed{}}{90}$

$= \dfrac{\boxed{}}{90} = \dfrac{\boxed{}}{\boxed{}}$

約分は，分母と分子を最大公約数であるといいね。

① $\dfrac{1}{2} - \dfrac{1}{6}$

② $\dfrac{2}{3} - \dfrac{1}{15}$

③ $\dfrac{4}{5} - \dfrac{3}{10}$

④ $\dfrac{5}{6} - \dfrac{1}{12}$

⑤ $\dfrac{8}{9} - \dfrac{1}{18}$

⑥ $\dfrac{3}{4} - \dfrac{5}{12}$

⑦ $\dfrac{7}{10} - \dfrac{9}{20}$

⑧ $\dfrac{17}{18} - \dfrac{5}{6}$

⑨ $\dfrac{14}{15} - \dfrac{1}{10}$

⑩ $\dfrac{5}{6} - \dfrac{2}{15}$

計算力がついてきているよ！ すばらしい！

答え ▶ 85ページ

1 □にあてはまる数を書きましょう。

①〜⑤1つ4点，⑥，⑦1つ5点【30点】

① $\dfrac{7}{6} - \dfrac{1}{2} = \dfrac{7}{6} - \dfrac{3}{6}$ ——通分

$= \dfrac{4}{6} = \dfrac{2}{3}$

└── 約分 ↑

② $\dfrac{11}{10} - \dfrac{3}{5} = \dfrac{11}{10} - \dfrac{6}{10}$

$= \dfrac{5}{10} = \dfrac{\boxed{}}{\boxed{}}$

③ $\dfrac{13}{12} - \dfrac{1}{4} = \dfrac{13}{12} - \dfrac{3}{12}$

$= \dfrac{10}{12} = \dfrac{\boxed{}}{\boxed{}}$

④ $\dfrac{5}{3} - \dfrac{11}{12} = \dfrac{20}{12} - \dfrac{11}{12}$

$= \dfrac{9}{12} = \dfrac{\boxed{}}{\boxed{}}$

⑤ $\dfrac{11}{10} - \dfrac{3}{14} = \dfrac{77}{70} - \dfrac{15}{70}$

$= \dfrac{\boxed{}}{70} = \dfrac{\boxed{}}{\boxed{}}$

⑥ $\dfrac{5}{4} - \dfrac{7}{20} = \dfrac{\boxed{}}{20} - \dfrac{7}{20}$

$= \dfrac{\boxed{}}{20} = \dfrac{\boxed{}}{\boxed{}}$

⑦ $\dfrac{7}{6} - \dfrac{9}{14} = \dfrac{49}{42} - \dfrac{\boxed{}}{42}$

$= \dfrac{\boxed{}}{42} = \dfrac{\boxed{}}{\boxed{}}$

仮分数の計算も，
通分してから
計算しよう。

2 計算をしましょう。

① $\dfrac{16}{15} - \dfrac{2}{5}$

② $\dfrac{13}{12} - \dfrac{3}{4}$

③ $\dfrac{6}{5} - \dfrac{7}{10}$

④ $\dfrac{7}{6} - \dfrac{5}{18}$

⑤ $\dfrac{3}{2} - \dfrac{9}{10}$

⑥ $\dfrac{4}{3} - \dfrac{8}{15}$

⑦ $\dfrac{13}{12} - \dfrac{5}{24}$

⑧ $\dfrac{19}{18} - \dfrac{5}{6}$

⑨ $\dfrac{11}{10} - \dfrac{4}{15}$

⑩ $\dfrac{9}{8} - \dfrac{7}{24}$

とてもよくがんばったね！

答え ▶ 86ページ

3つの分数のひき算

月　　日 **10**分

得点

点

1 □にあてはまる数を書きましょう。

1つ5点【20点】

① $\dfrac{3}{4} - \dfrac{1}{6} - \dfrac{1}{2} = \dfrac{9}{12} - \dfrac{2}{12} - \dfrac{\boxed{6}}{12}$ 　まとめて通分

$= \dfrac{\boxed{1}}{\boxed{12}}$

② $\dfrac{4}{5} - \dfrac{3}{10} - \dfrac{1}{4} = \dfrac{16}{20} - \dfrac{\boxed{}}{20} - \dfrac{\boxed{}}{20}$

$= \dfrac{\boxed{}}{20} = \dfrac{\boxed{}}{\boxed{}}$ 　約分

③ $\dfrac{7}{8} - \dfrac{1}{4} - \dfrac{1}{6} = \dfrac{\boxed{}}{24} - \dfrac{\boxed{}}{24} - \dfrac{\boxed{}}{24}$

$= \dfrac{\boxed{}}{\boxed{}}$

④ $\dfrac{5}{6} - \dfrac{1}{3} - \dfrac{3}{10} = \dfrac{\boxed{}}{30} - \dfrac{\boxed{}}{30} - \dfrac{\boxed{}}{30}$

$= \dfrac{\boxed{}}{30} = \dfrac{\boxed{}}{\boxed{}}$

②や④は，計算してから約分しようね。

① $\dfrac{19}{20} - \dfrac{1}{2} - \dfrac{3}{10}$

② $\dfrac{3}{4} - \dfrac{1}{6} - \dfrac{1}{8}$

③ $\dfrac{8}{9} - \dfrac{1}{3} - \dfrac{1}{6}$

④ $\dfrac{7}{8} - \dfrac{1}{3} - \dfrac{1}{2}$

⑤ $\dfrac{9}{10} - \dfrac{1}{5} - \dfrac{1}{2}$

⑥ $\dfrac{11}{12} - \dfrac{1}{4} - \dfrac{1}{6}$

⑦ $\dfrac{14}{15} - \dfrac{1}{2} - \dfrac{3}{10}$

⑧ $\dfrac{23}{24} - \dfrac{2}{3} - \dfrac{1}{8}$

分数の計算，どんどんできるようになってるよ！

答え ▶ 86ページ

月　日　10分

得点

点

1 □にあてはまる数を書きましょう。

1つ5点【30点】

① ㋐ $1\dfrac{2}{3} - \dfrac{1}{5} = 1\dfrac{10}{15} - \dfrac{3}{15}$

整数部分はそのまま。

$= 1\dfrac{\boxed{7}}{\boxed{15}}$

㋑ $1\dfrac{2}{3} - \dfrac{1}{5} = \dfrac{5}{3} - \dfrac{1}{5}$

帯分数を仮分数になおす。

$= \dfrac{25}{15} - \dfrac{3}{15}$

$= \dfrac{\boxed{22}}{\boxed{15}}$

答えは同じ。

② ㋐ $2\dfrac{4}{5} - 1\dfrac{3}{4} = 2\dfrac{16}{20} - 1\dfrac{15}{20}$

$= 1\dfrac{\boxed{}}{\boxed{}}$

㋑ $2\dfrac{4}{5} - 1\dfrac{3}{4} = \dfrac{14}{5} - \dfrac{7}{4}$

$= \dfrac{56}{20} - \dfrac{35}{20}$

$= \dfrac{\boxed{}}{\boxed{}}$

③ ㋐ $3\dfrac{1}{2} - 1\dfrac{5}{6} = 3\dfrac{3}{6} - 1\dfrac{5}{6}$

③の㋐は$3\dfrac{3}{6}$の整数部分から1くり下げるよ。

$= 2\dfrac{\boxed{}}{6} - 1\dfrac{5}{6}$

$= 1\dfrac{\boxed{}}{6} = 1\dfrac{\boxed{}}{\boxed{}}$

約分

㋑ $3\dfrac{1}{2} - 1\dfrac{5}{6} = \dfrac{7}{2} - \dfrac{11}{6}$

$= \dfrac{\boxed{}}{6} - \dfrac{11}{6}$

$= \dfrac{\boxed{}}{6} = \dfrac{\boxed{}}{\boxed{}}$

① $1\dfrac{2}{3} - \dfrac{1}{2}$

② $1\dfrac{1}{4} - \dfrac{3}{5}$

③ $2\dfrac{11}{12} - \dfrac{1}{6}$

④ $1\dfrac{2}{5} - \dfrac{9}{10}$

⑤ $2\dfrac{5}{6} - 1\dfrac{3}{4}$

⑥ $3\dfrac{7}{9} - 1\dfrac{1}{6}$

⑦ $2\dfrac{11}{20} - 1\dfrac{1}{4}$

⑧ $3\dfrac{3}{8} - 2\dfrac{1}{2}$

⑨ $4\dfrac{3}{10} - 2\dfrac{5}{6}$

⑩ $2\dfrac{1}{3} - 1\dfrac{8}{15}$

計算，ばっちりだね！

答え ▶ 86ページ

32 分数のひき算
分数と小数のひき算

月　日

得点

点

1 $\dfrac{4}{5}-0.5$ の計算をします。□にあてはまる数を書きましょう。 1つ5点【10点】

㋐　$\dfrac{4}{5}-0.5=\dfrac{4}{5}-\dfrac{\boxed{5}}{\boxed{10}}$

小数を
分数に
なおす。

$=\dfrac{8}{10}-\dfrac{\boxed{5}}{\boxed{10}}$

$=\dfrac{\boxed{3}}{\boxed{10}}$

㋑　$\dfrac{4}{5}-0.5=\boxed{0.8}-0.5$

分数を小数
になおす。

$=\boxed{0.3}$

答えは同じ。

2 $\dfrac{2}{3}-0.3$ の計算をします。□にあてはまる数を書きましょう。 1つ5点【10点】

㋐　$\dfrac{2}{3}-0.3=\dfrac{2}{3}-\dfrac{3}{10}=\dfrac{20}{30}-\dfrac{\boxed{}}{30}=\dfrac{\boxed{}}{30}$

㋑　$\dfrac{2}{3}=2\div\boxed{}=0.66\cdots$ となって，きちんとした小数になおせないから，

小数にそろえた計算はできない。

3 □にあてはまる数を書きましょう。 1つ5点【10点】

㋐　$0.9-\dfrac{3}{4}=\dfrac{9}{10}-\dfrac{3}{4}$

$=\dfrac{18}{20}-\dfrac{\boxed{}}{\boxed{}}$

$=\dfrac{\boxed{}}{\boxed{}}$

㋑　$0.9-\dfrac{3}{4}=0.9-\boxed{}$

$=\boxed{}$

2のように，分数を小数に
なおせないときもあるよ。

67

① $\dfrac{6}{5} - 0.8$

② $0.9 - \dfrac{7}{10}$

③ $1.3 - \dfrac{1}{2}$

④ $\dfrac{3}{4} - 0.6$

⑤ $\dfrac{5}{6} - 0.4$

⑥ $1.2 - \dfrac{4}{7}$

⑦ $0.65 - \dfrac{9}{20}$

⑧ $\dfrac{8}{25} - 0.16$

⑨ $\dfrac{4}{9} - 0.25$

⑩ $1.1 - \dfrac{3}{8}$

小数と分数のひき算も，スラスラとけるようになってるよ！

答え ▶ 86ページ

33 分数のひき算

分数のひき算の練習①

1 計算をしましょう。

1つ4点【40点】

① $\dfrac{4}{5} - \dfrac{1}{3} = \dfrac{\square}{\square} - \dfrac{5}{15} = \dfrac{\square}{\square}$

② $\dfrac{7}{8} - \dfrac{1}{4}$

③ $\dfrac{9}{10} - \dfrac{3}{4}$

④ $\dfrac{3}{7} - \dfrac{2}{5}$

⑤ $\dfrac{11}{12} - \dfrac{3}{4}$

⑥ $\dfrac{9}{10} - \dfrac{1}{15}$

⑦ $\dfrac{11}{9} - \dfrac{5}{6}$

⑧ $\dfrac{2}{3} - \dfrac{5}{12}$

⑨ $\dfrac{7}{6} - \dfrac{3}{10}$

⑩ $\dfrac{11}{10} - \dfrac{1}{6}$

答えが約分できないか
確かめよう。

69

① $\dfrac{2}{3} - \dfrac{2}{7}$

② $\dfrac{5}{8} - \dfrac{1}{6}$

③ $\dfrac{5}{9} - \dfrac{1}{6}$

④ $\dfrac{13}{12} - \dfrac{1}{3}$

⑤ $\dfrac{5}{4} - \dfrac{7}{18}$

⑥ $\dfrac{11}{8} - \dfrac{7}{20}$

⑦ $\dfrac{7}{15} - \dfrac{3}{10}$

⑧ $\dfrac{6}{5} - \dfrac{9}{20}$

⑨ $\dfrac{9}{8} - \dfrac{17}{24}$

⑩ $\dfrac{11}{6} - \dfrac{8}{15}$

⑪ $\dfrac{13}{12} - \dfrac{1}{4}$

⑫ $\dfrac{23}{21} - \dfrac{2}{3}$

とてもよくがんばったね！

答え ▶ 87ページ

34 分数のひき算

分数のひき算の練習②

月　日　⏱15分

得点

点

---

1 計算をしましょう。　　　　　　　　　　　　　　　1つ4点【12点】

① $\dfrac{9}{8} - \dfrac{2}{5} - \dfrac{1}{10} = \dfrac{\square}{40} - \dfrac{\square}{40} - \dfrac{\square}{40} = \dfrac{\square}{40} = \dfrac{\square}{\square}$

② $\dfrac{5}{6} - \dfrac{1}{4} - \dfrac{1}{3}$

③ $\dfrac{11}{8} - \dfrac{1}{6} - \dfrac{3}{4}$

---

2 計算をしましょう。　　　　　　　　　　　　　　　1つ4点【20点】

① $2\dfrac{7}{9} - \dfrac{2}{3} = 2\dfrac{7}{9} - \dfrac{\square}{9} = 2\dfrac{\square}{\square}$

② $2\dfrac{5}{6} - 1\dfrac{3}{8}$

③ $3\dfrac{1}{15} - 1\dfrac{9}{10}$

④ $\dfrac{5}{4} - 0.6$

⑤ $\dfrac{7}{10} - 0.3$

通分してから
計算しよう。

3 計算をしましょう。

①，②1つ6点，③，④1つ7点【26点】

① $\dfrac{14}{15} - \dfrac{2}{9} - \dfrac{1}{3}$

② $\dfrac{5}{4} - \dfrac{9}{10} - \dfrac{1}{5}$

③ $\dfrac{11}{12} - \dfrac{3}{5} - \dfrac{1}{10}$

④ $\dfrac{5}{6} - \dfrac{2}{3} - \dfrac{1}{9}$

4 計算をしましょう。

1つ7点【42点】

① $4\dfrac{1}{10} - 3\dfrac{7}{20}$

② $3\dfrac{2}{15} - 1\dfrac{4}{5}$

③ $2\dfrac{5}{6} - 1\dfrac{7}{18}$

④ $1.2 - \dfrac{3}{5}$

⑤ $0.5 - \dfrac{1}{6}$

⑥ $\dfrac{7}{8} - 0.75$

ここまでおつかれさま。次はパズルだよ！

答え ▶ 87ページ

❶ しほさん，りょうさん，すばるさん，そのかさんが，計算をしました。でも，1人だけ計算をまちがえています。あみだをたどってまちがえた人を見つけ，正しい答えを書こう。

$\dfrac{1}{5}+0.6$

$=$

$\dfrac{7}{9}-\dfrac{3}{9}$

$=$

$\dfrac{2}{7}+\dfrac{1}{3}$

$=$

$\dfrac{3}{4}-0.4$

$=$

（※「あみだ」は曲がり角を必ず曲がって，下に向かって進んでいきます。）

しほ	りょう	すばる	そのか
$\dfrac{3}{21}$	$\dfrac{7}{20}$	$\dfrac{4}{5}$	$\dfrac{4}{9}$

答え　まちがえたのは □ さん，正しい答えは □

❷ 次に，たかひろさん，ゆかりさん，ゆうたさん，ちひろさんが，計算をしました。でも，1人だけ計算をまちがえています。あみだをたどってまちがえた人を見つけ，正しい答えを書こう。

$2\frac{1}{2} + \frac{1}{5}$
$=$

$1\frac{1}{6} - \frac{5}{12}$
$=$

$1\frac{7}{15} + 1\frac{1}{5}$
$=$

$3\frac{3}{4} - 2\frac{7}{12}$
$=$

たかひろ	ゆかり	ゆうた	ちひろ
$2\frac{2}{3}$	$2\frac{1}{12}$	$1\frac{1}{6}$	$2\frac{7}{10}$

答　まちがえたのは ☐ さん，正しい答えは ☐

答え ▶ 87ページ

名前

月 日 15分

得点

点

1 計算をしましょう。 　　　　　　　　　　　1つ4点【24点】

①
$$\begin{array}{r} 7.3 \\ \times\ 6.9 \\ \hline \end{array}$$

②
$$\begin{array}{r} 3.5 \\ \times\ 8.4 \\ \hline \end{array}$$

③
$$\begin{array}{r} 0.4\ 7 \\ \times\quad 5.7 \\ \hline \end{array}$$

④
$$\begin{array}{r} 1.2\ 9 \\ \times\ 0.3\ 8 \\ \hline \end{array}$$

⑤
$$\begin{array}{r} 0.3\ 6 \\ \times\ 0.2\ 4 \\ \hline \end{array}$$

⑥
$$\begin{array}{r} 0.1\ 2 \\ \times\ 0.7\ 5 \\ \hline \end{array}$$

2 わりきれるまで計算しましょう。　　　　　1つ4点【36点】

① $1.2\overline{)18}$

② $4.5\overline{)12.6}$

③ $0.48\overline{)8.16}$

④ $3.7\overline{)15.91}$

⑤ $1.26\overline{)9.45}$

⑥ $2.4\overline{)1.74}$

⑦ $9.6\overline{)24}$

⑧ $6.2\overline{)4.34}$

⑨ $5.6\overline{)5.04}$

3 ①の商は四捨五入して，上から2けたのがい数で求めましょう。

②の商は一の位まで求めて，あまりもだしましょう。

1つ4点【8点】

① $0.86\overline{)2.3}$

② $1.2\overline{)9.2\,8}$

4 計算をしましょう。

1つ4点【32点】

① $\dfrac{1}{6} + \dfrac{8}{15}$

② $2\dfrac{3}{10} + 1\dfrac{9}{20}$

③ $1\dfrac{7}{9} + 2\dfrac{7}{18}$

④ $\dfrac{5}{9} + 0.6$

⑤ $\dfrac{5}{6} - \dfrac{4}{9}$

⑥ $3\dfrac{5}{12} - 1\dfrac{5}{8}$

⑦ $2\dfrac{1}{6} - 1\dfrac{3}{10}$

⑧ $0.75 - \dfrac{2}{5}$

答え ▶ 88ページ

37 まとめテスト②

名前

月　日　もくひょう 15分

得点　　点

1 計算をしましょう。　1つ4点【24点】

① $\begin{array}{r} 4.2 \\ \times\ 8.9 \\ \hline \end{array}$　② $\begin{array}{r} 9.2 \\ \times\ 6.5 \\ \hline \end{array}$　③ $\begin{array}{r} 1.03 \\ \times\ 2.8 \\ \hline \end{array}$

④ $\begin{array}{r} 0.46 \\ \times\ 1.57 \\ \hline \end{array}$　⑤ $\begin{array}{r} 0.84 \\ \times\ 0.39 \\ \hline \end{array}$　⑥ $\begin{array}{r} 0.28 \\ \times\ 0.65 \\ \hline \end{array}$

2 ①～③の商は四捨五入(ししゃごにゅう)して，$\frac{1}{10}$の位までのがい数で求めましょう。
④～⑥の商は一の位まで求めて，あまりもだしましょう。　1つ6点【36点】

① $1.7\overline{)5.3}$　② $2.8\overline{)26.5}$　③ $0.25\overline{)9.16}$

④ $0.86\overline{)12.5}$　⑤ $1.6\overline{)3.02}$　⑥ $0.72\overline{)4.57}$

3 わりきれるまで計算しましょう。 1つ4点【8点】

① $1.5 \overline{)10.2}$

② $1.05 \overline{)2.73}$

4 計算をしましょう。 1つ4点【32点】

① $\dfrac{2}{3} + \dfrac{5}{8}$

② $6\dfrac{5}{7} + 2\dfrac{2}{21}$

③ $1.3 + \dfrac{2}{5}$

④ $\dfrac{7}{12} + 0.4$

⑤ $\dfrac{9}{16} - \dfrac{1}{4}$

⑥ $1\dfrac{8}{15} - \dfrac{5}{6}$

⑦ $1.8 - \dfrac{4}{9}$

⑧ $1\dfrac{3}{8} - 0.25$

答え ▶ 88ページ

答え と アドバイス

▶まちがえた問題は，もう一度やり直しましょう。

▶ **❶アドバイス** を読んで，学習に役立てましょう。

① 小数×10，100，1000　5~6ページ

1 ①16.4　②43.1　③197
④0.8　⑤2.46　⑥0.37

2 ①295.3　②314.5　③2468
④7　⑤1870　⑥150

3 ①1429　②560　③3140
④70

4 ①38.2　②12　③21.9
④0.3　⑤18.02　⑥0.45

5 ①504.8　②275　③192.3
④4　⑤2170　⑥580

6 ①4183　②50　③13460
④200

❶アドバイス　小数点を右にうつして求めましょう。

② 整数×小数　7~8ページ

1 ①18　②16　③48
④45　⑤125　⑥108

2 ①5.4　②16　③10
④25.8　⑤8.4　⑥27.5
⑦16.2　⑧12.6

3 ①12　②10　③12
④18　⑤26　⑥48
⑦110　⑧175

4 ①3.5　②0.6　③4.8
④3.6　⑤7.5　⑥17
⑦27　⑧12.6

❶アドバイス　小数をかける計算は，整数の計算でできるように考えましょ

う。

③ 整数×小数の筆算　9~10ページ

1 ①7.8　②8.4　③32.4
④16.8　⑤40.8　⑥64.8
⑦180　⑧247　⑨763.6
⑩480.6

2 ①7.2　②32.2　③39
④41.6　⑤78.3　⑥59.2
⑦254.6　⑧272　⑨160
⑩400.2　⑪184.8　⑫348.6
⑬399.9　⑭127.6　⑮266

❶アドバイス　小数をかける筆算は，小数点がないものとして計算し，積の小数点はかける数の小数点にそろえてうちましょう。

④ 小数×小数の筆算①　11~12ページ

1 ①7.82　②4.96　③15.91
④18.72　⑤22.1　⑥32.4
⑦0.84　⑧0.72　⑨0.92

2 ①4.32　②5.92　③3.33
④7.56　⑤16.79　⑥61.92
⑦53.95　⑧4.2　⑨9.1
⑩11.9　⑪22.1　⑫8
⑬0.84　⑭0.3　⑮0.72

❶アドバイス　まず，小数点がないものとして整数と同じように計算します。次に，積の小数点を，かけられる数とかける数の小数点の右にあるけた数の和だけ，右から数えてうちます。

5 小数×小数の筆算② 13~14ページ

1 ①8.06　②10.26　③1.8
④10.73　⑤0.525　⑥0.785
⑦0.072　　⑧0.6068
⑨0.5684　　⑩0.0798

2 ①0.7812　②0.9516
③0.0828　④0.561
⑤0.312　⑥0.08
⑦0.06　⑧2.1894
⑨7.3392　⑩2.0514
⑪5.916　⑫9.23

🖊アドバイス　小数点より右のけた数が多くなっても計算のしかたは同じです。
　積の小数点をうつとき，けた数がたりないときは0をおぎないます。
　また，小数点より右の終わりの0は消しておきます。

6 計算のくふう 15~16ページ

1 それぞれ順に
①10, 36　　②9, 21.6
③10, 13　　④5, 23
⑤1, 7.5

2 ①68　②48　③10.2
④3.9　⑤28　⑥3.8
⑦3.5　⑧2.4　⑨1.4
⑩4.9

🖊アドバイス　3つの数のかけ算では，かんたんな数になる部分を先にかけると，計算が楽になります。
　また，計算のきまり
■×▲＋●×▲＝(■＋●)×▲
■×▲－●×▲＝(■－●)×▲
を使うと，2回あるかけ算が1回です

むので，計算がかんたんにできます。

7 小数のかけ算の練習 17~18ページ

1 ①35.2　　②74
2 ①24　　②6.5
3 ①296.1　②221　③35.28
④8.428　⑤0.6417　⑥0.18
4 それぞれ順に
①10, 28　②1, 7.6
5 ①10.5　②187.6　③41.4
④8.93　⑤3.12　⑥0.78
⑦42.864　⑧51.708　⑨68.112
⑩0.3074　⑪0.063　⑫0.02
6 ①18.84　②5.4　③8.6　④5.9

🖊アドバイス　積の小数点のうち方，0のつけたし方，0の消し方に気をつけましょう。

8 整数・小数÷10, 100, 1000 19~20ページ

1 ①2.95　②4.362　③0.07
④0.003　⑤52.1　⑥0.8
2 ①2.158　②0.724　③0.005
④4.63　⑤0.9　⑥0.07
3 ①0.0265　　②0.06
③0.3194　　④0.0042
4 ①5.28　②0.62　③1.945
④0.027　⑤20.5　⑥0.3
5 ①3.872　　②0.4306
③0.176　　④0.0538
⑤0.042　　⑥0.09
6 ①0.2518　　②0.00637
③0.0109　　④0.00275
⑤0.08　　⑥0.0004

🖊アドバイス　小数点を左にうつして求めましょう。

⑨ 整数÷小数 21〜22ページ

1 ①5 ②6 ③5
④2 ⑤15 ⑥30

2 ①8 ②5 ③20
④30 ⑤120 ⑥125
⑦50 ⑧95

3 ①5 ②2 ③15
④14 ⑤30 ⑥16
⑦36 ⑧70

4 ①60 ②40 ③50
④310 ⑤220 ⑥85
⑦95 ⑧65

⚠アドバイス わる数とわられる数の両方を10倍して，わる数を整数になおして計算しましょう。わられる数を10倍することをわすれないように気をつけましょう。

⑩ 整数÷小数の筆算 23〜24ページ

1 ①16 ②25 ③15
④35 ⑤18 ⑥15
⑦16 ⑧400 ⑨250

2 ①45 ②15 ③26
④35 ⑤15 ⑥25
⑦24 ⑧150 ⑨260
⑩60 ⑪70 ⑫60

⚠アドバイス わり算では，「わる数とわられる数に同じ数をかけても答えは変わらない」というきまりを使って，わる数とわられる数に10，100，…をかけて，わる数を整数にして計算します。そのとき，わられる数にも同じ数をかけることをわすれないようにしましょう。

⑪ 小数÷小数の筆算① 25〜26ページ

1 ①1.4 ②3.2 ③16
④3.5 ⑤0.8 ⑥0.85
⑦0.75 ⑧2.5 ⑨3.6

2 ①3.5 ②1.7 ③6.7
④2.4 ⑤24 ⑥16.9

3 ①0.6 ②0.54 ③0.75
④7.5 ⑤0.825 ⑥0.164

⚠アドバイス 小数でわる筆算のしかた
❶わる数の小数点を右にうつして，整数になおします。
❷わられる数の小数点も，わる数の小数点をうつした数だけ右にうつします。
❸わる数が整数のときと同じように計算します。

⑫ 小数÷小数の筆算② 27〜28ページ

1 ①4.6 ②3.7 ③0.9

2 ①5.7 ②2.3 ③3.1
④3.1 ⑤1.2

3 ①7.2 ②6.7 ③3.1
④6.6 ⑤10.9 ⑥28.4

4 ①2.6 ②3.2 ③1.3
④2.1 ⑤0.46 ⑥0.65

⚠アドバイス 商をがい数で求めるときは，求める位の1つ下の位まで求めて四捨五入します。

4の⑤では，一の位が0になります。

```
      0.4 6 ⚡
6,2)2,8.6
    2 4 8
      3 8 0
      3 7 2
        8 0
        6 2
        1 8
```

この0はけた数には入れません。答えは0.46です。0.5としないように気をつけましょう。

13 小数÷小数の筆算③　29~30ページ

1 ①7あまり0.3　②6あまり0.4
③9あまり1.8　④14あまり1.6

2 ①3.7あまり0.22
②2.7あまり0.05
③4.8あまり0.06
④3.6あまり0.08
⑤11.4あまり0.16

3 ①4あまり1.4　②8あまり0.3
③7あまり0.9　④9あまり1.2
⑤13あまり0.1
⑥5あまり0.53

4 ①4.4あまり0.02
②2.6あまり0.06
③3.7あまり0.15
④26.5あまり0.05
⑤14.4あまり0.04
⑥7.2あまり0.056

！アドバイス　わる数×商＋あまり＝わられる数で，けん算してみましょう。

14 小数のわり算の練習　31~32ページ

1 ①2.86　　②0.03
③0.047　　④0.009

2 ①7.5　②32　③2.6

3 ①4.3　②15あまり0.26
③4あまり2.3

4 ①40　　②70
③205　　④140

5 ①2.5　②2.8　③46
④4.5　⑤1.8　⑥3.5
⑦7　⑧8　⑨0.475

6 ①1.7　　②0.27
③8あまり0.4

15 算数パズル。　33~34ページ

❶ ①60　　②1.95
❷ ①0.028　　②8.9

！アドバイス　命令にそって，順に計算をしましょう。

❷②　0.2×0.5=0.1, 0.1÷0.5=0.2
ここまでの計算の答えが5以上であれば「はい」，5以上でなければ「いいえ」を選んで計算を続けます。
0.2÷0.5=0.4, 0.4÷0.5=0.8,
0.8÷0.5=1.6, 1.6÷0.5=3.2,
3.2÷0.5=6.4より，6.4は5以上なので，6.4＋2.5=8.9

16 約分のしかた　35~36ページ

1 ①2, 3　　②6, 2, 3
③2, 1, 4　　④12, 5, 6
⑤15, 1, 3　　⑥1, 3
⑦3, 4　　⑧3, 4
⑨1, 2　　⑩3, 5

2 ①$\frac{1}{2}$　②$\frac{3}{4}$　③$\frac{4}{5}$　④$\frac{2}{3}$　⑤$\frac{5}{6}$
⑥$\frac{1}{2}$　⑦$\frac{9}{10}$　⑧$\frac{2}{3}$　⑨$\frac{3}{4}$　⑩$\frac{7}{9}$
⑪$\frac{6}{7}$　⑫$\frac{4}{5}$　⑬$\frac{2}{3}$　⑭$\frac{5}{7}$　⑮$\frac{7}{9}$
⑯$\frac{1}{2}$　⑰$\frac{4}{5}$　⑱$\frac{3}{4}$　⑲$\frac{1}{2}$　⑳$\frac{2}{3}$
㉑$\frac{4}{5}$　㉒$1\frac{3}{5}$　㉓$2\frac{5}{6}$　㉔$1\frac{1}{3}$　㉕$4\frac{4}{5}$
㉖$3\frac{1}{5}$　㉗$2\frac{1}{2}$

！アドバイス　分数の分子と分母を同じ数でわって，分母の小さい分数にします。分母と分子の最大公約数でわると，1回で約分することができます。

⑰ 通分のしかた　37~38ページ

1 それぞれ順に

① 4, 6, 3, 6

② 15, 20, 14, 20

③ 3, 21, 24, 4, 20, 24

2 ① $\dfrac{3}{9}$, $\dfrac{5}{9}$　② $\dfrac{3}{10}$, $\dfrac{6}{10}$

③ $1\dfrac{8}{20}$, $2\dfrac{5}{20}$　④ $\dfrac{3}{24}$, $\dfrac{16}{24}$, $\dfrac{6}{24}$

3 ① $\dfrac{5}{6}$, $\dfrac{3}{6}$　② $\dfrac{8}{10}$, $\dfrac{7}{10}$

③ $\dfrac{4}{18}$, $\dfrac{3}{18}$　④ $\dfrac{14}{21}$, $\dfrac{12}{21}$

⑤ $1\dfrac{7}{15}$, $2\dfrac{9}{15}$　⑥ $2\dfrac{9}{12}$, $1\dfrac{2}{12}$

⑦ $2\dfrac{21}{24}$, $3\dfrac{10}{24}$　⑧ $1\dfrac{9}{30}$, $2\dfrac{4}{30}$

⑨ $\dfrac{21}{36}$, $\dfrac{16}{36}$, $\dfrac{12}{36}$　⑩ $\dfrac{25}{30}$, $\dfrac{12}{30}$, $\dfrac{15}{30}$

⑪ $\dfrac{4}{24}$, $\dfrac{9}{24}$, $\dfrac{18}{24}$　⑫ $\dfrac{55}{60}$, $\dfrac{54}{60}$, $\dfrac{24}{60}$

⑦アドバイス　分母の最小公倍数を共通な分母とし，分母をそろえましょう。

⑱ 約分と通分の練習　39~40ページ

1 それぞれ順に

① 1, 2　② 1, 7　③ 4, 5

④ 3, 4　⑤ 1, 3　⑥ 2, 3

2 それぞれ順に

① 7, 35, 5, 35

② 10, 14, 7, 14

③ 8, 12, 3, 12

④ 24, 30, 25, 30

3 ① $\dfrac{7}{12}$　② $\dfrac{13}{18}$　③ $2\dfrac{5}{6}$

④ $3\dfrac{9}{13}$　⑤ $3\dfrac{5}{7}$　⑥ $5\dfrac{9}{10}$

4 ① $\dfrac{4}{18}$, $\dfrac{3}{18}$　② $\dfrac{14}{21}$, $\dfrac{12}{21}$

③ $2\dfrac{4}{36}$, $1\dfrac{15}{36}$　④ $1\dfrac{4}{60}$, $2\dfrac{21}{60}$

⑤ $\dfrac{32}{40}$, $\dfrac{25}{40}$, $\dfrac{20}{40}$　⑥ $\dfrac{10}{20}$, $\dfrac{4}{20}$, $\dfrac{15}{20}$

⑦ $\dfrac{16}{24}$, $\dfrac{3}{24}$, $\dfrac{20}{24}$　⑧ $\dfrac{2}{36}$, $\dfrac{15}{36}$, $\dfrac{27}{36}$

⑲ 約分のない真分数+真分数の計算　41~42ページ

1 それぞれ順に

① 5, 6　　② 9, 10

③ 9, 8　　④ 7, 6

⑤ 4, 8, 7, 8

⑥ 6, 21, 20, 21

⑦ 15, 4, 19, 24

⑧ 12, 5, 17, 15

2 ① $\dfrac{5}{8}$　② $\dfrac{13}{15}$　③ $\dfrac{7}{8}$　④ $\dfrac{5}{12}$

⑤ $\dfrac{8}{9}$　　　　⑥ $\dfrac{5}{4}\left(1\dfrac{1}{4}\right)$

⑦ $\dfrac{17}{12}\left(1\dfrac{5}{12}\right)$　⑧ $\dfrac{29}{21}\left(1\dfrac{8}{21}\right)$

⑨ $\dfrac{23}{18}\left(1\dfrac{5}{18}\right)$　⑩ $\dfrac{35}{24}\left(1\dfrac{11}{24}\right)$

⑦アドバイス　分母のちがう分数のたし算は，通分してから計算します。
　答えが仮分数になったら，帯分数になおして答えてもいいです。

⑳ 約分のある真分数+真分数の計算　43~44ページ

1 それぞれ順に

① 1, 2　　② 1, 2

③ 2, 3　　④ 3, 4

⑤ 9, 3, 4　⑥ 10, 2, 3

⑦ 12, 4, 5

2 ① $\dfrac{2}{5}$　② $\dfrac{4}{5}$　③ $\dfrac{1}{2}$　④ $\dfrac{1}{3}$

⑤ $\dfrac{3}{4}$　⑥ $\dfrac{1}{3}$　⑦ $\dfrac{8}{9}$　⑧ $\dfrac{6}{7}$

⑨ $\dfrac{3}{4}$　⑩ $\dfrac{4}{5}$

㉑ 約分のある真分数, 仮分数のたし算　45~46ページ

1 それぞれ順に

① 4, 3　　② 5, 4

③ 7, 6　　④ 31, 21

⑤ 22, 11, 5　　⑥ 27, 9, 4

⑦ 134, 67, 45

2 ① $\dfrac{3}{2}\left(1\dfrac{1}{2}\right)$　　② $\dfrac{7}{6}\left(1\dfrac{1}{6}\right)$

③ $\dfrac{4}{3}\left(1\dfrac{1}{3}\right)$　　④ $\dfrac{3}{2}\left(1\dfrac{1}{2}\right)$

⑤ $\dfrac{11}{6}\left(1\dfrac{5}{6}\right)$　　⑥ $\dfrac{5}{2}\left(2\dfrac{1}{2}\right)$

⑦ $\dfrac{3}{2}\left(1\dfrac{1}{2}\right)$　　⑧ $\dfrac{13}{4}\left(3\dfrac{1}{4}\right)$

⑨ $\dfrac{7}{4}\left(1\dfrac{3}{4}\right)$　　⑩ $\dfrac{41}{15}\left(2\dfrac{11}{15}\right)$

㉒ 3つの分数のたし算　47~48ページ

1 それぞれ順に

① 2, 11, 12

② 2, 3, 9, 3, 4

③ 4, 18, 3, 25, 24

④ 8, 15, 4, 27, 9, 8

2 ① $\dfrac{17}{18}$　　② $\dfrac{23}{24}$

③ $\dfrac{13}{12}\left(1\dfrac{1}{12}\right)$　　④ $\dfrac{29}{20}\left(1\dfrac{9}{20}\right)$

⑤ $\dfrac{4}{5}$　　⑥ $\dfrac{5}{6}$

⑦ $\dfrac{5}{3}\left(1\dfrac{2}{3}\right)$　　⑧ $\dfrac{7}{4}\left(1\dfrac{3}{4}\right)$

⚫アドバイス　3つまとめて通分して一度に計算したほうがかんたんです。

㉓ 帯分数のあるたし算　49~50ページ

1 それぞれ順に

① ㋐ 13, 20　　㋑ 33, 20

② ㋐ 5, 6　　㋑ 23, 6

③ ㋐ 9, 3, 4　　㋑ 33, 11, 4

2 ① $1\dfrac{11}{12}\left(\dfrac{23}{12}\right)$　　② $2\dfrac{29}{35}\left(\dfrac{99}{35}\right)$

③ $2\dfrac{7}{40}\left(\dfrac{87}{40}\right)$　　④ $2\dfrac{17}{24}\left(\dfrac{65}{24}\right)$

⑤ $3\dfrac{1}{6}\left(\dfrac{19}{6}\right)$　　⑥ $1\dfrac{7}{15}\left(\dfrac{22}{15}\right)$

⑦ $3\dfrac{17}{30}\left(\dfrac{107}{30}\right)$　　⑧ $2\dfrac{4}{5}\left(\dfrac{14}{5}\right)$

⑨ $4\dfrac{5}{18}\left(\dfrac{77}{18}\right)$　　⑩ $5\dfrac{1}{3}\left(\dfrac{16}{3}\right)$

⚫アドバイス　帯分数のままで, 整数部分の和と分数部分の和をあわせて, 帯分数で答えるか, 帯分数を仮分数になおして計算し, 仮分数で答えるか, どちらのやり方でもかまいません。

㉔ 分数と小数のたし算　51~52ページ

1 それぞれ順に

㋐ 7, 10, 7, 10, 9, 10

㋑ 0.2, 0.9

2 それぞれ順に

㋐ 5, 11　㋑ 6

3 それぞれ順に

㋐ 5, 20, 19, 20

㋑ 0.25, 0.95

4 ① $\dfrac{3}{10}(0.3)$　　② $\dfrac{9}{10}(0.9)$

③ $\dfrac{7}{10}(0.7)$　　④ $\dfrac{13}{15}$

⑤ $\dfrac{31}{70}$　　⑥ 1

⑦ $\dfrac{28}{45}$　　⑧ $\dfrac{4}{5}(0.8)$

⑨ $\dfrac{31}{40}(0.775)$　　⑩ $\dfrac{71}{100}(0.71)$

⚫アドバイス　分数か小数のどちらかにそろえて計算します。どちらのやり方でも答えは同じになります。

㉕ 分数のたし算の練習① 　53~54ページ

① ①順に 2，4，3，4
　②$\frac{31}{20}\left(1\frac{11}{20}\right)$　　③$\frac{19}{15}\left(1\frac{4}{15}\right)$
　④$\frac{1}{4}$　　　　⑤$\frac{7}{6}\left(1\frac{1}{6}\right)$
　⑥$\frac{3}{5}$　　　　⑦$\frac{9}{5}\left(1\frac{4}{5}\right)$
　⑧$\frac{13}{6}\left(2\frac{1}{6}\right)$　　⑨$\frac{12}{7}\left(1\frac{5}{7}\right)$
　⑩$\frac{19}{10}\left(1\frac{9}{10}\right)$

② ①$\frac{5}{6}$　②$\frac{13}{20}$　③$\frac{19}{18}\left(1\frac{1}{18}\right)$
　④$\frac{13}{24}$　⑤$\frac{29}{20}\left(1\frac{9}{20}\right)$　⑥$\frac{3}{5}$
　⑦$\frac{3}{5}$　⑧$\frac{5}{4}\left(1\frac{1}{4}\right)$　⑨$\frac{7}{6}\left(1\frac{1}{6}\right)$
　⑩$\frac{34}{15}\left(2\frac{4}{15}\right)$　⑪$\frac{17}{6}\left(2\frac{5}{6}\right)$
　⑫$\frac{19}{9}\left(2\frac{1}{9}\right)$

❗アドバイス　答えが約分できないか，必ず確かめるようにしましょう。

㉖ 分数のたし算の練習② 　55~56ページ

① ①順に 4，10，15，29，20
　②$\frac{34}{45}$　　　　③$\frac{13}{24}$

② ①順に 16，40，15，40，31，40
　②$6\frac{1}{4}\left(\frac{25}{4}\right)$　　③$2\frac{7}{15}\left(\frac{37}{15}\right)$
　④$\frac{8}{15}$　　　　⑤1

③ ①$\frac{83}{40}\left(2\frac{3}{40}\right)$　②$\frac{7}{4}\left(1\frac{3}{4}\right)$
　③$\frac{5}{4}\left(1\frac{1}{4}\right)$　　④$\frac{47}{42}\left(1\frac{5}{42}\right)$

④ ①$\frac{116}{45}\left(2\frac{26}{45}\right)$　②$\frac{29}{5}\left(5\frac{4}{5}\right)$

---

　③$\frac{21}{5}\left(4\frac{1}{5}\right)$　④2　　⑤$\frac{5}{12}$
　⑥$\frac{31}{20}\left(1\frac{11}{20},\ 1.55\right)$

❗アドバイス　分母がちがう分数のたし算は，通分してから計算します。
　分数と小数のまじった計算は，分数か小数のどちらかにそろえます。

㉗ 約分のない真分数−真分数の計算 　57~58ページ

① それぞれ順に
　①3，10　　　②1，12
　③6，4，15　④4，5，24
　⑤3，6，1，6
　⑥12，10，15，2，15
　⑦6，8，1，8
　⑧16，15，20，1，20

② ①$\frac{1}{4}$　②$\frac{2}{9}$　③$\frac{7}{20}$　④$\frac{3}{14}$
　⑤$\frac{11}{24}$　⑥$\frac{1}{20}$　⑦$\frac{4}{9}$　⑧$\frac{1}{24}$
　⑨$\frac{3}{20}$　⑩$\frac{7}{12}$

❗アドバイス　分母がちがう分数のひき算は，通分してから計算します。通分を正しくできることが大切です。

㉘ 約分のある真分数−真分数の計算 　59~60ページ

① それぞれ順に
　①1，3　　　②1，2
　③1，4　　　④1，2
　⑤3，1，10　⑥3，10，5，9
　⑦25，38，19，45

② ①$\frac{1}{3}$　②$\frac{3}{5}$　③$\frac{1}{2}$　④$\frac{3}{4}$
　⑤$\frac{5}{6}$　⑥$\frac{1}{3}$　⑦$\frac{1}{4}$　⑧$\frac{1}{9}$
　⑨$\frac{5}{6}$　⑩$\frac{7}{10}$

29 約分のある仮分数のひき算　61~62ページ

1 それぞれ順に

①2, 3　　②1, 2

③5, 6　　④3, 4

⑤62, 31, 35

⑥25, 18, 9, 10

⑦27, 22, 11, 21

2 ①$\frac{2}{3}$　②$\frac{1}{3}$　③$\frac{1}{2}$　④$\frac{8}{9}$

⑤$\frac{3}{5}$　⑥$\frac{4}{5}$　⑦$\frac{7}{8}$　⑧$\frac{2}{9}$

⑨$\frac{5}{6}$　⑩$\frac{5}{6}$

⊘アドバイス　仮分数(かぶんすう)があっても計算のしかたは同じです。

正しく通分してひき算しましょう。

全て答えに約分があります。答えの約分をわすれないようにしましょう。

30 3つの分数のひき算　63~64ページ

1 それぞれ順に

①6, 1, 12

②6, 5, 5, 1, 4

③21, 6, 4, 11, 24

④25, 10, 9, 6, 1, 5

2 ①$\frac{3}{20}$　②$\frac{11}{24}$　③$\frac{7}{18}$　④$\frac{1}{24}$

⑤$\frac{1}{5}$　⑥$\frac{1}{2}$　⑦$\frac{2}{15}$　⑧$\frac{1}{6}$

⊘アドバイス　3つの分数の分母を、まとめて通分してから計算しましょう。

31 帯分数のあるひき算　65~66ページ

1 それぞれ順に

①㋐7, 15　㋑22, 15

②㋐1, 20　㋑21, 20

③㋐9, 4, 2, 3　㋑21, 10, 5, 3

2 ①$1\frac{1}{6}\left(\frac{7}{6}\right)$　②$\frac{13}{20}$

③$2\frac{3}{4}\left(\frac{11}{4}\right)$　④$\frac{1}{2}$

⑤$1\frac{1}{12}\left(\frac{13}{12}\right)$　⑥$2\frac{11}{18}\left(\frac{47}{18}\right)$

⑦$1\frac{3}{10}\left(\frac{13}{10}\right)$　⑧$\frac{7}{8}$

⑨$1\frac{7}{15}\left(\frac{22}{15}\right)$　⑩$\frac{4}{5}$

⊘アドバイス　帯分数のままで、整数部分の差と分数部分の差をあわせて、帯分数で答えるか、帯分数を仮分数になおして計算し仮分数で答えるか、どちらのやり方でもかまいません。

2 ⑧　$3\frac{3}{8}-2\frac{1}{2}=3\frac{3}{8}-2\frac{4}{8}$
　　　　　　　　　　　　（ひけない）
　　　　　　$=2\frac{11}{8}-2\frac{4}{8}$

のようなくり下げに気をつけましょう。

32 分数と小数のひき算　67~68ページ

1 それぞれ順に

㋐5, 10, 5, 10, 3, 10

㋑0.8, 0.3

2 ㋐9, 11　　㋑3

3 それぞれ順に

㋐15, 20, 3, 20

㋑0.75, 0.15

4 ①$\frac{2}{5}(0.4)$　②$\frac{1}{5}(0.2)$

③$\frac{4}{5}(0.8)$　④$\frac{3}{20}(0.15)$

⑤$\frac{13}{30}$　⑥$\frac{22}{35}$

⑦$\frac{1}{5}(0.2)$　⑧$\frac{4}{25}(0.16)$

⑨$\frac{7}{36}$　⑩$\frac{29}{40}(0.725)$

㉝ 分数のひき算の練習①

69~70ページ

1 ①順に12, 15, 7, 15

②$\dfrac{5}{8}$　③$\dfrac{3}{20}$　④$\dfrac{1}{35}$　⑤$\dfrac{1}{6}$

⑥$\dfrac{5}{6}$　⑦$\dfrac{7}{18}$　⑧$\dfrac{1}{4}$　⑨$\dfrac{13}{15}$

⑩$\dfrac{14}{15}$

2 ①$\dfrac{8}{21}$　②$\dfrac{11}{24}$　③$\dfrac{7}{18}$　④$\dfrac{3}{4}$

⑤$\dfrac{31}{36}$　⑥$\dfrac{41}{40}\left(1\dfrac{1}{40}\right)$　⑦$\dfrac{1}{6}$　⑧$\dfrac{3}{4}$

⑨$\dfrac{5}{12}$　⑩$\dfrac{13}{10}\left(1\dfrac{3}{10}\right)$　⑪$\dfrac{5}{6}$　⑫$\dfrac{3}{7}$

❶アドバイス　分母がちがう分数のひき算は，通分して，分母をそろえてから分子どうしをひきます。通分したときの分子をまちがえないように気をつけましょう。

㉞ 分数のひき算の練習②

71~72ページ

1 ①順に45, 16, 4, 25, 5, 8

②$\dfrac{1}{4}$　　　　③$\dfrac{11}{24}$

2 ①順に6, 1, 9

②$\dfrac{35}{24}\left(1\dfrac{11}{24}\right)$　③$\dfrac{7}{6}\left(1\dfrac{1}{6}\right)$

④$\dfrac{13}{20}(0.65)$　⑤$\dfrac{2}{5}(0.4)$

3 ①$\dfrac{17}{45}$　②$\dfrac{3}{20}$　③$\dfrac{13}{60}$　④$\dfrac{1}{18}$

4 ①$\dfrac{3}{4}$　②$\dfrac{4}{3}\left(1\dfrac{1}{3}\right)$　③$\dfrac{13}{9}\left(1\dfrac{4}{9}\right)$

④$\dfrac{3}{5}(0.6)$　⑤$\dfrac{1}{3}$　⑥$\dfrac{1}{8}(0.125)$

❶アドバイス　分母がちがう3つの分数のひき算は，3つの分数をまとめて通分してから計算するようにしましょう。

㉟ 算数パズル

73~74ページ

❶ まちがえたのは　**しほ**　さん，正しい答えは　$\dfrac{13}{21}$

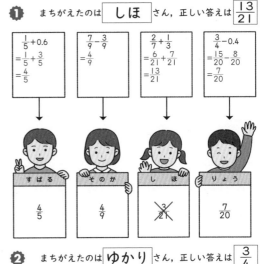

$\dfrac{1}{5}+0.6$
$=\dfrac{1}{5}+\dfrac{3}{5}$
$=\dfrac{4}{5}$

$\dfrac{7}{9}-\dfrac{3}{9}$
$=\dfrac{4}{9}$

$\dfrac{2}{7}+\dfrac{1}{3}$
$=\dfrac{6}{21}+\dfrac{7}{21}$
$=\dfrac{13}{21}$

$\dfrac{3}{4}-0.4$
$=\dfrac{15}{20}-\dfrac{8}{20}$
$=\dfrac{7}{20}$

すばる $\dfrac{4}{5}$　　そのか $\dfrac{4}{9}$　　しほ $\dfrac{3}{21}$　　りょう $\dfrac{7}{20}$

❷ まちがえたのは　**ゆかり**　さん，正しい答えは　$\dfrac{3}{4}$

$2\dfrac{1}{2}+\dfrac{1}{5}$
$=2\dfrac{5}{10}+\dfrac{2}{10}$
$=2\dfrac{7}{10}$

$1\dfrac{1}{6}-\dfrac{5}{12}$
$=1\dfrac{2}{12}-\dfrac{5}{12}$
$=\dfrac{14}{12}-\dfrac{5}{12}$
$=\dfrac{9}{12}=\dfrac{3}{4}$

$1\dfrac{7}{15}+1\dfrac{1}{5}$
$=1\dfrac{7}{15}+1\dfrac{3}{15}$
$=2\dfrac{10}{15}=2\dfrac{2}{3}$

$3\dfrac{3}{4}-2\dfrac{7}{12}$
$=3\dfrac{9}{12}-2\dfrac{7}{12}$
$=1\dfrac{2}{12}=1\dfrac{1}{6}$

ちひろ $2\dfrac{7}{10}$　　ゆかり $2\dfrac{1}{12}$　　たかひろ $2\dfrac{2}{3}$　　ゆうた $1\dfrac{1}{6}$

❶アドバイス　分母がちがう分数のたし算やひき算は，通分をして，分母をそろえてから分子どうしを計算します。

❶ 分数と小数のたし算・ひき算は，小数を分数になおすか，分数を小数になおして計算しましょう。

❷ 帯分数のたし算・ひき算は，整数部分，分数部分をそれぞれ計算し，帯分数で答えるか，帯分数を仮分数になおして計算しましょう。

1　①50.37　②29.4　③2.679
　　④0.4902　　⑤0.0864
　　⑥0.09

2　①15　②2.8　③17
　　④4.3　⑤7.5　⑥0.725
　　⑦2.5　⑧0.7　⑨0.9

3　①2.7　　②7あまり0.88

4　①$\frac{7}{10}$　　②$\frac{15}{4}\left(3\frac{3}{4}\right)$

　③$\frac{25}{6}\left(4\frac{1}{6}\right)$　④$\frac{52}{45}\left(1\frac{7}{45}\right)$

　⑤$\frac{7}{18}$　　⑥$1\frac{19}{24}\left(\frac{43}{24}\right)$

　⑦$\frac{13}{15}$　　⑧$\frac{7}{20}$(0.35)

●アドバイス　1は小数×小数の計算です。小数×小数の計算は，小数点がないものとして計算し，積の小数点は，かけられる数とかける数の小数点の右にあるけた数の和だけ，右から数えてうちましょう。

　2は小数÷小数の計算です。わる数とわられる数の小数点を同じけた数だけ右へうつし，わる数を整数にしてから計算します。商の小数点は，わられる数のうつした小数点にそろえてうちましょう。

　3の①は商を四捨五入（ししゃごにゅう）してがい数で求める計算です。求める位の1つ下の位まで計算しましょう。

　4は分数や分数と小数のたし算とひき算です。分母がちがう分数のたし算やひき算は，通分してから計算しましょう。また，答えが約分できるときは，必ず約分するようにしましょう。

1　①37.38　②59.8　③2.884
　　④0.7222　⑤0.3276　⑥0.182

2　①3.1　②9.5　③36.6
　　④14あまり0.46
　　⑤1あまり1.42
　　⑥6あまり0.25

3　①6.8　　②2.6

4　①$\frac{31}{24}\left(1\frac{7}{24}\right)$　②$\frac{185}{21}\left(8\frac{17}{21}\right)$

　③$\frac{17}{10}\left(1\frac{7}{10}，1.7\right)$　④$\frac{59}{60}$

　⑤$\frac{5}{16}$　　⑥$\frac{7}{10}$

　⑦$\frac{61}{45}\left(1\frac{16}{45}\right)$　⑧$\frac{9}{8}\left(1\frac{1}{8}，1.125\right)$

●アドバイス　1の③は，かけられる数が小数第2位までの小数，かける数が小数第1位までの小数です。積の小数点の位置に気をつけましょう。

③
```
   1.03 ── 右に2けた
 ×  2.8 ── 右に1けた
   824
  206      ┐右に3けた
  2.884 ────┘
```

　2の④は，わられる数が小数第1位までの小数，わる数が小数第2位までの小数です。

```
          1 4
0.86)1 2.5 0
     8 6
       3 9 0
       3 4 4
       0 4 6
```

わる数とわられる数の小数点のうつし方，商やあまりの小数点の位置に気をつけましょう。